RHS 英国皇家园艺学会
园艺指南

Gardening for all spaces!

50 WAYS TO START A GARDEN

打造小空间
花园的
50 个方法

U0198735

辽宁科学技术出版社

·沈阳·

（英）西蒙·阿克罗伊德(Simon Akeroyd) 著　纪虹 译

©2023辽宁科学技术出版社。
著作权合同登记号：第06-2022-66号。

图书在版编目（CIP）数据

英国皇家园艺学会园艺指南 ： 打造小空间花园的50个方法 / （英） 西蒙•阿克罗伊德 （Simon Akeroyd） 著 ； 纪虹 译. — 沈阳 ： 辽宁科学技术出版社， 2023.9
ISBN 978-7-5591-2987-1

Ⅰ. ①英… Ⅱ. ①西… ②纪… Ⅲ. ①观赏园艺－指南 Ⅳ. ①S68-62

中国国家版本馆CIP数据核字 (2023) 第067008号

出版发行：辽宁科学技术出版社
　　　　　（地址：沈阳市和平区十一纬路 25 号　邮编：110003）
印　刷　者：凸版艺彩（东莞）印刷有限公司
经　销　者：各地新华书店
幅面尺寸：170mm×230mm
印　　张：11
插　　页：4
字　　数：220 千字
出版时间：2023 年 9 月第 1 版
印刷时间：2023 年 9 月第 1 次印刷
责任编辑：李　红
版式设计：何　萍
责任校对：韩欣桐

书　　号：ISBN 978-7-5591-2987-1
定　　价：69.00 元

编辑电话：024-23280070
邮购热线：024-23284502
E-mail：1076152536@qq.com

CONTENTS 目录

前言

当你刚刚进入这个令人兴奋的园艺世界时，这里有50个打造小空间花园的方法，可以帮助你和启发你。无论你拥有一片过度生长的丛林，还是一块空地；无论你拥有一个户外小型或中型花园，还是一个只能种植一些植物的室内小空间，只要精心地打造这个属于自己的小花园，就会使你的空间看起来更美好，更具有吸引力，并让你自己感到更加放松。此外，用植物包围自己，白天植物都释放出氧气并吸收二氧化碳，将为你提供更清新的空气，从而改善你的身体健康和心理健康。

下图：观叶植物是室内花园的绝佳选择，可以给空间增添一系列令人兴奋的颜色和纹理，并提升空间感。

首先，要学习如何评估你的种植空间，以便你为其选择合适的植物。其次，是一个关于你需要哪些工具的部分，你可以选择具有最大吸引力且适合你生活方式的工具。再次，将给你介绍一系列不同的设计或种植方法，一些方法用于快速修复，需要很少的维护，而另一些则需要更多的时间和投资。

将这50个方法融入你的园艺中(本书包括室内和室外花园的信息和项目)：从增加高度到打造免挖掘式的花园；从打造干花园到安装假山。还有一些简单的DIY项目，通过分步讲解都很容易操作，不需要或只需要很少的DIY或园艺技能，例如打造一个野生动物池塘或用柳树枝编织栅栏。此外，还有许多植物概况，其中包括你可能想要开始种植的某类植物的一些最佳物种，例如草本植物、仙人掌科植物、高山植物、蔬菜和水果。

那么，你还在等什么？穿上雨靴，戴上园艺手套，然后投入花园工作中来吧!

评估你的种植空间

打造一个自己的小花园是一件令人兴奋的事情，同时也提供了一个表达自己个性的机会。你可能很容易就立即投入进去，但在开始之前，评估场地很重要。这将帮助你做出最佳选择，种植什么？在哪里种植？

如果你有户外空间可以种植植物，无论空间多大，在开始之前都要问自己几个问题。这个花园只是你坐在外面享受周围环境的地方，还是你想在这里弄脏双手并享受种植植物的快感？你有多少时间照顾你的花园？你需要它是易于维护的，还是你有足够的时间来处理更复杂的元素？如果你过着非常忙碌的生活，请选择一些最简易的方式和元素，例如岩石花园，放松的休息区和一些装在容器中的季节性耐旱植物（请参阅设计一个低维护的简易花园，第58页）。

开始种植植物时需要考虑一些实际因素。如果在室外种植，请考虑垃圾箱将放在哪里，是否有堆肥的空间，以及工具将存放在哪里等问题。如果在室内，你仍然需要空间来存储一些基本的工具（请参阅第12页）。你也应该确保植物不会被撞击或损坏，或者每次需要打开橱柜门或窗户时都不必移动这些植物。考虑植物的生长速度，因为有些植物可能需要更多照顾或维护，例如频繁地换盆或修剪。如果你想种植低维护的

室内植物，请选择生长缓慢的植物。

你的风格是什么？

这是一个发挥创造力的机会。你希望打造的户外空间是正式的，还是非正式的？如果是前者，那么你可能需要结合直线和几何形状设计线条、修剪树篱，并融入一些特色设计，如地形、雕塑、草坪和对称种植方案等。非正式的花园在整体设计上给人一种更轻松的感觉，其中可能包括野生动物区、混合种植区，拱门上攀缘生长的玫瑰和其他植物相互缠绕在一起。

可以模仿一些其他风格，例如日式风格（第156页），干花园/地中海风格（第34页），亚热带风格（第38页）和盆栽。

对页图：即使是在小小的庭院花园中，你也有很多机会在你的周围种植植物，可以种植在花盆中，或用墙和栅栏围起来。

将上述内容考虑好之后，就可以制定一个计划来确定路径、存储区域、堆肥区、花盆，以及整体结构。

光和影

评估种植空间在白天的日照量非常重要，这样你就可以将植物安排在最佳位置，以满足它们对光照的需求。在北半球，太阳从东边升起，西边落下，所以通常朝南或西南的花园、窗台或阳台会接收到较多的阳光。任何朝北的空间都不能受到阳光直射。

植物的伟大之处在于，有很多适合各种不同条件和环境的植物可以选择，从最深处的阴影区

到阳光充足的区域，可以相应地选择不同的植物，这样它们都可以茁壮成长。

如果在窗台上种植植物，请注意玻璃会加大阳光直射的强度，因此请注意叶子和花朵会容易干枯，并且肥料也容易变干。

答案就在土壤里

大多数植物都需要特定类型的土壤才能生存。如果在室内种植，植物几乎总是在一种盆栽土壤中生长，所以很容易提供合适的条件。只需检查标签，并在书中或在网上查找植物的要求，然后选择合适的土壤即可。还要检查植物对浇水的要求，因为许多室内植物不喜欢过多浇水。

在户外种植时，关于植物种植的介质还有一些变化。有些植物喜欢肥力低的轻质沙壤土，而有些植物喜欢更重、营养更多的土壤。在花园中心购买时，请务必阅读植物标签，从而了解对土壤的要求。

黏土通常是肥沃的，但很难挖掘并且排水不良，在冬季容易被水淹没。沙壤土轻、肥力低、排水方便，因此可能需要比黏土更频繁地浇水和施肥。喜欢干燥条件或耐旱的植物适合在这种土壤中种植。添加有机材料，例如花园堆肥或粪肥可以改善黏土和沙壤土的条件。

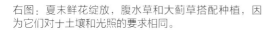

右图：夏末鲜花绽放，腹水草和大蓟草搭配种植，因为它们对于土壤和光照的要求相同。

土壤测试

做一个pH测试来了解你的土壤类型是很值得的。有些植物需要酸性土壤，通常是指杜鹃花、蓝莓等杜鹃花科的植物，以及山茶花。如果花园里的土壤不是酸性的(pH为7)，那么可以在花盆中种植喜酸性土壤的植物。土壤测试套件可在网上或园艺中心购买。

准备合适的工具和设备

在照顾植物时，还需要配备一些必要的园艺工具和设备。所需的设备将取决于种植区域的面积以及你打算种植哪种类型的植物。室内园艺物品通常可以存放在橱柜中，但是对于面积较大的花园，就需要一个安全的棚子。这不是完整的列表，但对于刚入门的人已经足够了。

室内园艺

值得庆幸的是, 室内园艺所需的大多数工具都很小, 便于存放。它们的购买成本也较低。

浇水罐:为植物提供适当的水分。

碟子或托盘:用于收集所有滴水。

漂亮的花盆:用来种植植物。

瓦罐碎片:放在花盆底部以改善排水。

修枝剪:修枝或剪枝。

土壤:选择一种适合你所要种植植物的土壤。

标签和铅笔:记录并跟踪植物的生长情况。

小庭院花园/小花坛

小庭院花园只需要一些必不可少的工具, 很少需要机械化设备。

园艺铁锹:比普通铁锹小, 适合小空间使用。

园艺边叉:用于松动土壤和/或混合堆肥。

迷你堆肥箱或旋转桶:方便处理厨房垃圾。

手叉和泥铲:用于小面积除草。

大水桶和软管:方便浇灌花园。

浅筐:用来收集杂草或庄稼。

修枝剪:用于修剪灌木。

瓦罐碎片

大水桶

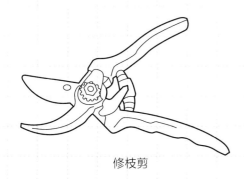

修枝剪

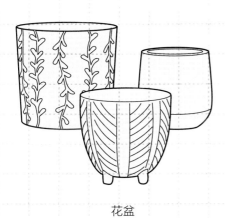

花盆

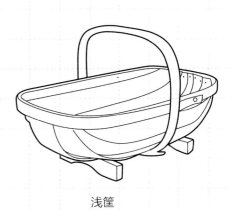

浅筐

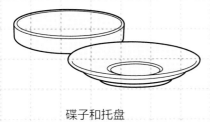

碟子和托盘

手叉和泥铲

盆栽桌

堆肥箱

标签和铅笔

挖洞器

独轮手推车

弹簧式耙子

大剪刀

长柄修枝剪

修剪锯

繁殖植物

直接用种子种植, 或采用插枝法种植可以为你省钱, 而且只需要一些基本的工具。

盆栽桌或盆栽台:用于播种。

挖洞器:在堆肥中为种子打洞。

喷壶。

种子托盘、花盆和播种用堆肥土。

标签和铅笔:用来记住你在哪里种了什么。

架子或窗台:用来放种子。

草坪

草坪需要用专业设备, 割草机可能是最昂贵但最有用的设备。

割草机:可以是电动的, 电池驱动的或手推式割草机。

修边剪:用于修剪草的边缘。

堆肥箱:(理想情况下)用来放剪下来的草屑。

弹簧式耙子:用来搂草。

叉子:偶尔给草坪通风。

中型花园

随着花园越来越大, 设备会变得越来越昂贵, 但是高质量的产品是值得购买的, 因为它们使用起来会很有效, 并且能用很长时间。

铁锹:用于种植、挖掘和移动土壤。

叉子:用来耕种土地。

独轮手推车:在花园四周运送材料。

堆肥区:用于回收厨房和花园垃圾。

大水桶和软管:用于浇灌植物。

耙子:用来平整土壤。

锄头:用来清除杂草。

大剪刀或树篱修剪器:用来修剪各种树篱。

修枝剪、长柄修枝剪和修剪锯:用来修剪灌木和小树。

(加上来自小庭院花园/小花坛的工具)

保持清洁

在使用完工具后，请务必要清洁手动工具，用油性抹布擦去污垢，擦拭钢铁或金属刀片。

3

学会给花园浇水

水是一切生命的关键，是打造一个郁郁葱葱、花团锦簇的花园必不可少的元素。

除非你选择了特别耐旱的植物，否则就需要定期给植物浇水。正确地浇水对植物的生存至关重要，并且有一些技术可以帮助你成功地做到这一点。

什么时候浇水

给植物浇水最有效的时间是早上，要在天气变得太热之前浇水。这是因为当天气开始变暖时，植物可以吸收土壤中的水分。这也意味着植物的叶子不会保持太长时间的潮湿，否则可能会导致发霉和吸引鼻涕虫等问题。如果早上时间不允许，那么晚上是第二有效的时间，因为水会渗入土壤，可以满足植物第二天早上对水的需求。避免在一天中最热的时候浇水，因为水会蒸发掉。

在什么地方浇水？浇多少水？

给植物根部的土壤浇水，避免溅到叶子上，如果溅到叶子上，可能会导致晒伤和发霉。植物所需要的水量取决于植物的大小和类型，但作为一个粗略的指导，如果植物种植在一个容器里，需要浇水的量大约是花盆大小的1/10。例如，一个10L的花盆可以被注入1L的水。

雨水收集

将水管接到房屋雨水槽的落水管上，将雨水槽固定在棚子和温室上，有助于收集雨水。雨水是植物的天然免费水源。

多长时间浇一次水？

少量经常浇水是种植盆栽植物的关键。对于露天花园中的植物来说，情况正好相反。每天早上或晚上好好浸泡一下会更好，因为它能促进根系更深地生长，从而更能抵御干旱。要判断大多数植物是否需要浇水的最好方法是把手指伸进土壤里，如果感觉土壤很干，就需要给它浇水。在夏天，种在花盆、吊篮里的植物，以及幼苗，几乎每天都需要浇水。在冬天，只有感觉堆肥/土壤非常干燥时，才浇水。

冬天浇水过多会导致植物腐烂。如果一株植物正在枯萎或看起来虚弱无力，那么它肯定需要浇水，尽管理想情况下它不应该达到这种状态。

保存水分的技巧

对于盆栽植物来说，把花盆放在托盘或碟子里是很有帮助的，因为它能吸收多余的水分并且防止浪费水。当托盘或碟子里的水干了，就需要给植物浇水了。

在种植孔中添加有机物有助于保存水分，并且减少植物在炎热和干燥的天气条件下严重缺水的机会。覆盖根球周围的表面区域将有助于减少由于蒸发造成的水分流失。

可以用土在植物周围堆积一个环形堤岸，距茎部约20cm，高5cm。这将防止水从土壤表面流失，或从最需要水的根部区域流失。

上图和对页图：尽可能地使用喷壶来代替软管，因为这有助于将水的浇灌集中在需要的地方，并且减少飞溅，从而节约用水。

4

充分利用春天来种植鳞茎植物

没有什么比春天鳞茎植物从地里冒出来，或者树上开满了美丽的花朵，更能令人心情愉悦了，这预示着冬天的结束和一个新季节的开始。无论花园有多大，每年的这个时候总会有一些季节性的乐趣空间。在秋天播种，在春天收获回报。

容器内的鳞茎植物

如果室外没有太多的种植空间，那么你可以在容器中种植鳞茎植物。这很容易使其多变，因为当一组鳞茎植物开花结束时，就可以把另一组鳞茎植物移进去取而代之。在花盆中使用通用无泥炭堆肥土种植鳞茎植物，深度是植物的两到三倍。确保容器上有排水孔，以避免植物腐烂。在这些植物开花后，可以将它们移植到户外花园中，等待它们明年再次开花。

花园里的鳞茎植物

在理想情况下，春季开花的鳞茎植物如果要在第二年春天开花，则应在秋季种植。注意种植鳞茎的正确方向，扁平的根板在底部，尖尖的顶端

朝上。用小铲子为鳞茎植物单独挖一个洞，如果要种植很多，也可以购买一个长柄的鳞茎种植机，这样可以节省繁重的工作。如果你想要一簇密集的花，只需挖一个合适深度的大洞或坑，然后在里面种上鳞茎植物。

树根周围的鳞茎植物

在早春时节，天气变暖之前，树根周围的鳞茎植物开始绽放，给花园增添一抹明亮的色彩。春天的鳞茎植物开着鲜艳的花朵，与直立的树干相得益彰，相互衬托，非常迷人。

选择有迷人树干的树木来作为五颜六色花朵的陪衬，如喜马拉雅白桦树(桦木科植物*Betula utilis* subsp. *jacquemontii*)或苹果桉树(冈尼桉树*Eucalyptus gunnii*)。还可以考虑一下西藏樱桃(藏樱桃*Prunus serrula*)，它有深色桃花心木的颜色，或者条纹枫，如青榨槭，它有绿色和白色的条纹，与番红花和仙客来的鲜艳花朵形成鲜明对比。

对页图，从左起顺时针方向：欣赏一个循环出现的花卉展示与生长在容器里的春天鳞茎植物。

水仙花的黄色和葡萄风信子的蓝色是两种经典的、对比鲜明的春天颜色。

仙客来在斑驳的树荫里添上一抹鲜艳的色彩。

鳞茎的大小不一，大的要比小的种植得更深。

春季开花植物精选

春季开花的鳞茎植物可以在天气完全变暖之前，在花园中创造出充满活力的色彩，这是一种快速又简单的方法。有几百种不同种类的植物可供选择，它们大小不同，颜色各异。一些只供观赏，还有一些芳香宜人，可以用来做香水。如果空间有限，也可以将鳞茎植物种植在花盆里供大家观赏。

水仙花
水仙属（*Narcissus*）

可以将这些黄色的水仙花种植在草坪上、花坛里、树根下，非常受欢迎。它们开着像喇叭一样的黄色花朵，微微低垂着，好像在大胆地表达自我。有不同的品种，包括较大的杂交品种或较小的芳香品种，如"两人密语"，它只能长到大约15cm高。

郁金香
郁金香属（*Tulipa*）

如果想让你的花坛色彩缤纷，那么这类鳞茎植物是很好的选择，尽管还有更柔和的品种类型。不同种类的郁金香会在不同的时间开花，所以稍微计划一下，就有可能从早春到晚春享受一连串儿的色彩。

风信子

风信子属（*Hyacinthus*）

如果你想在春天的时候让整个花园弥漫香甜的气息，那就种植风信子吧。它们主要有蓝色、白色和粉红色，并且有大而迷人的头状花序。当花茎凋谢时，将其剪掉，这样来年就能开出更多的花。

报春花

报春花属（*Primula*）

报春花通常生长在野外阴凉潮湿的河岸上，精致娇嫩的淡黄色花朵高高挂在肉质的叶子上。野生报春花，在花园里看起来很漂亮，杂交报春花也是如此，它们会开出一系列更鲜艳的花。

雪花莲

雪滴花属（*Galanthus*）

这些精致娇嫩的花朵被称为春天的预兆，从冬至开始就会逐渐绽放，白色的花朵微微低垂。它们喜欢潮湿但排水良好的土壤，最好移植在部分阴凉的草坪上。

番红花

番红花属（*Crocus*）

在花园里，这些生长低矮的鳞茎植物可以提供一系列的色彩，包括紫色、奶油色、橙色和黄色。它们通常种植在草坪上，但在容器中也可以很好地展示。有一些品种会在秋天或冬天开花，所以如果你想要春季开花的品种，需要仔细选择。

打造一个吸引野生动物的花园

拥有花园的众多乐趣之一就是可以与我们周围丰富的野生动物共享花园。仅仅几个花盆，或一个窗栏花箱中开满鲜花，它们的香气和鲜艳的颜色就会吸引野生动物前来。即使是一碟水，也会吸引鸟儿、蜜蜂和蝴蝶，因为它们在忙碌之后也需要休息喝水。

为了吸引各种各样的野生动物选择不同的栖息地，最好在花园中尽可能多地种植不同类型的植物。考虑让植物在不同高度开花，以适应各种不同大小的生物使用花园。包括乔木、灌木、草本和一年生花，以及低矮的地被植物。攀缘植物(如常春藤)是花蜜的来源，而铁线莲蓬松的花朵可以被鸟类用作筑巢的材料。

一年四季的乐趣

不仅人类一年四季对花园感兴趣，而且野生动物也将受益，并给花园增添趣味性。如果花园中的植物在一年的不同时间开花或结果的话，鸟类、蝙蝠和昆虫会定期造访，甚至会把你的花园当成它们的家来回馈你。毕竟，如果你想留住野生动物，就需要确保它们一年四季都能找到食物、水源和筑巢材料。

右图：种植各种富含花蜜的花朵，比如这种醉鱼草，来吸引蝴蝶进入花园。

对页图，从上到下：如花楸这类浆果植物会促使鸟类来觅食。

在花园里放一个盛有水的浅盘子，让鸟儿在里面洗澡和饮水。

像池塘这样的水景不仅看起来美丽宁静，而且还会吸引野生动物前来参观。

不要太整洁

在花园中，如果不太整洁，对野生动物是有帮助的。例如，不要在多年生草本植物开花后立即砍掉它们，而是让它们去播撒种子，这样鸟儿可以以它们为食。植物的碎片也可以用来做筑巢材料，所以不要太担心落叶的收集。

许多昆虫也会喜欢多年生草本植物的空心茎，所以可以考虑将它们留在花园里。在花园的边缘，最好是在斑驳的阴影下，放成堆的原木和树枝可以吸引住在木头上的无脊椎动物。这些反过来又会吸引鸟类、刺猬、獾等，它们会以无脊椎动物为食。

对野生动物友好的草坪

草坪会吸引野生动物，特别是一些区域的草经过长时间生长，会开花结子。如果有足够的空间，可以考虑创造一个野花草地。它不仅看起来很漂亮，而且许多鸟、蝴蝶、蜜蜂和其他生物会被吸引到这个生物多样化的栖息地。

提供水源

所有的生物都需要水源，所以如果有空间的话，可以考虑建一个野生动物池塘。在理想情况下，池塘的边缘应该有一个平缓的斜坡，这样动物就可以进入池塘喝水，而不会有掉进去的风险，也可以安全离开。如果没有池塘的空间，那么一盘水就将为蜜蜂和蝴蝶等飞到这里的昆虫提供喝水的机会。把石头放在碟子里，这样就可以为昆虫提供栖息的地方。

建造一个昆虫旅馆

为各种各样的昆虫提供一个小的家将增加花园的生物多样性。它会吸引传粉者，从而增加水果和蔬菜的产量。它还会吸引瓢虫、蠼螋和草蛉，这将有助于减少蚜虫的侵害。如果幸运的话，甚至可能会有刺猬和蟾蜍在这里安家，它们以蛞蝓和蜗牛为食。

你需要

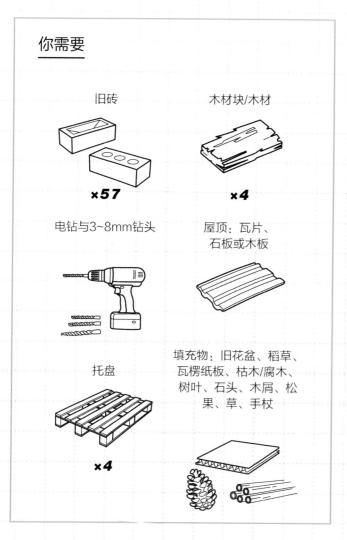

旧砖
×57

木材块/木材
×4

电钻与3~8mm钻头

屋顶：瓦片、
石板或木板

托盘
×4

填充物：旧花盆、稻草、
瓦楞纸板、枯木/腐木、
树叶、石头、木屑、松
果、草、手杖

❶ 在花园中找一个安静的地方放置昆虫旅馆，在那里野生动物不会受到打扰。在理想情况下，应该是一个在白天可以受到阳光照射的水平区域，这样更容易吸引蜜蜂，而阴凉处会吸引蟾蜍和刺猬。

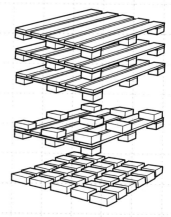

❷ 用旧砖做一个底座，在它们之间留下空隙，让生物在空隙中爬行。然后把4个托盘一层一层地堆叠放在砖底座上，用更多的砖把它们分开，确保堆叠牢固。

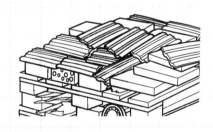

❸ 用电钻在木材上钻孔，约12cm深，钻头3~8mm。这会吸引独居的蜜蜂。把这些木材放在木垛向阳的一面。用腐木等填满昆虫旅馆的其他部分，用来饲养甲虫、蜘蛛和木虱。

❹ 用稻草、瓦楞纸板、枯木等把旧花盆装满，然后把它们塞进托盘之间的空隙里。在其他裸露的地方塞更多的树叶、稻草、石头、木屑、松果和草，以鼓励野生动物筑巢。

❺ 最后，在堆的顶部搭一个屋顶，尽量保持所有东西——包括野生动物——干燥。它不必太花哨或太完美。只要在建筑顶部铺上几块瓦片、石板或木板，就能抵御最恶劣的天气。

铺设草坪

拥有一块草坪有很多好处，即使它只是一块小草坪。与坚硬的户外地板或露台庭院相比，柔软的草地让人坐在上面玩耍或野餐都很舒服。除此之外，郁郁葱葱的翠绿色为种满草本植物的花坛提供了一个有吸引力的背景，而且草坪具有吸水的特性，这样有利于降低洪水的风险。

草坪相对便宜且易于安装，如果你允许草生长，它会吸引各种野生动物进入花园。草坪上常见的植物如车前草、蓍草、蒲公英和早熟禾，将为野生小动物提供庇护所、水分、花朵和种子，可以吸引甲虫、毛毛虫、飞蛾和蝴蝶，反过来又会促使蝙蝠、鸟类和刺猬来觅食。

显然，与修剪得很好的草坪相比，长草坐起来不舒服，玩起来也不实用。一个很好的折中办法是，在草坪上留出特定的区域给野生动物，全年不修剪，并在其中穿插一些草修剪得较短的区域，供行走或坐下休息。虽然长草的区域越多越好，但只需要1~2m² 就可以让野生动物受益。

- -

对页图：如果草坪面积很小，可以用手剪修剪，或者用手推式割草机修剪。或者也可以让草长得更长，让野花生长，从而拥有天然、有吸引力的草坪。

减少割草频率

对于较短的草坪，将修剪刀片抬高到最高位置，每两到三周修剪一次。如果可能的话，避免在夏末修剪草坪，特别是如果你不打算在冬天使用花园，可以在春天重新开始修剪。

为了维护一个绿色的花园，请考虑使用手推式割草机修剪小面积的草坪，而不使用汽油驱动的机械。如果手推式割草机劳动强度大，电池驱动的割草设备是一个很好的折中方案。其他可能用到的设备是草坪修剪器，用来保持草坪的边缘整齐，防止草过度生长超过小树或灌木。对于狭小的空间，一把手剪或磨边剪就可以完成这项工作。

长草区域应该每年修剪一次，在夏末用手剪修剪。把插枝堆在草地边几天，让昆虫和小动物返回花园。然后把插枝添加到堆肥堆中。

打造一个宠物友好型的花园

宠物和我们人类一样，甚至可能比我们更享受待在花园里的时光。宠物能够在户外漫步有很多好处，但重要的是要确保花园对它们来说是一个安全可靠的环境，并且你的花园本身也要受到保护，避免宠物有时过度热情，将植物刨出来。

让它们挖吧!

许多宠物喜欢在花坛和草坪上挖洞。如果你有足够的空间，为它们划出一块安全区域，让它们尽情挖掘，防止它们破坏花园的其他区域。

植物周围的硬景观

在植物周围和花坛里铺上砾石将有助于防止宠物挖掘，从而增加一定程度的保护，也将使你更容易发现和清理任何不想要的垃圾。

会伤害宠物的植物

在网上可以找到更全面的清单，但要注意一些常见的植物，因为它们对宠物具有一定的毒性，要避免：乌头毒草、大星芹、毛茛、菊花、水仙、达芙妮、飞燕草、毛地黄、葡萄绣球花、铃兰、金链花、洋葱(包括葱属的细香葱、韭菜、大蒜、牡丹、葱等)、番茄、郁金香、紫藤和红豆杉等。

| 乌头毒草 | 大星芹 | 桂冠 | 铃兰 | 金链花 | 紫藤 |

提供阴凉

如果花园里没有天然的阴凉区域，可以种植一些乔木或灌木，以便在夏季为怕热的宠物创造阴凉区。在这样光影结合的花园里，宠物更加享受。

选择合适的植物

好消息是，许多植物对于宠物来说是没有毒性的。选择强壮的无毒植物是值得的，这些植物更耐磕碰和摩擦。

识别和防止危害

让宠物远离新播种的草籽或野生草籽，因为如果宠物吃了奇形怪状的种子，可能会被卡住或受刺激。

最好把池塘和宠物隔开，这样可以保护其他野生动物和你的宠物的安全。

搭建篱笆墙

许多宠物对植物有一种内在的或天然的意识，因为这些植物会使它们生病，所以会避开。然而，如果想确保你的宠物不受潜在有害植物的伤害，你就有必要针对宠物进行景观设计，并在花坛或鳞茎丛周围搭建篱笆墙或栅栏。树篱和灌木将提供一个天然的屏障，特别是对那些会跳的宠物，而使用天然的当地石材筑的墙也很受欢迎，便宜而且有效。

或者是在种植床上种植植物，使它们远离一些宠物，但是猫等宠物很敏捷，而且是优秀的攀爬者，所以仍然能够接触到植物。

用喜阴植物装饰阴凉区

阴凉的花园区域为园丁们提供了独特的机会，允许他们在这些凉爽、黑暗的条件下，种植令人惊叹的喜阴植物，并令它们茁壮成长。多种植一些可以形成树荫的植物，从而扩大花园中的阴凉区。

休息区

在炎热的日子里，花园的凉爽区域可以用来打造一个放松的休息区，远离阳光直射的热量。这里可以打造一个完整的休息区供露天用餐，也可以只放置一个长凳，你可以坐在上面享用一杯茶或一杯葡萄酒。休息区周围种满了郁郁葱葱的喜阴植物，如耐寒的雄性蕨类植物(鳞毛蕨属)、大叶玉簪花和五颜六色的藜芦。

小径

小径是划分树下棘手的阴影区域的有效方法。打造一个蜿蜒曲折的小径，增添一丝非正式感。即使在最小的阴凉花园中，一条自然的小径也是一种有特点的设计，它可以创造空间感和方向感，模拟林地小径，只是规模小得多。用树皮或木屑等天然材料做表面，用树枝或原木做侧边。边缘

种上高大的毛地黄(*Digitalis purpurea*)，或者种上更小的柔毛羽衣草(*Alchemilla mollis*)，上面开着一大朵一大朵的黄花，以及春天开花的鳞茎植物，如水仙花、番红花、雪花莲和风信子。

地被植物

在阴凉处，低维护的地被植物比草坪更容易茁壮生长，而且更美丽。适合在阴凉区种植的地被植物包括可以形成毡状的常绿植物顶蕊三角梅(*Pachysandra terminalis*)和形成块状的心叶牛舌草(*Brunnera macrophylla*)，它们和勿忘我很相似。

水景设计

打造一个水景可为阴凉区域增添一丝宁静。如果附近有电源，可以用水泵来制造流水的声音，模仿流淌的溪流、喷泉或小瀑布。或者，宁静而美丽的林地式池塘也是花园中的特色。在池塘或水景周围享受潮湿阴凉条件的植物包括阔叶的假黄精(*Maianthemum racemosum*)和心叶黄水枝(*Tiarella cordifolia*)，开着乳白色的花。

对页图：在花园阴凉的角落里，用一系列的观叶植物，如玉簪花、矮松、蕨类植物和矾根属植物，打造一个纹理、色彩丰富的挂毯。

喜阴植物精选

在阴凉处生长茂盛的植物和在阳光直射下生长茂盛的植物一样令人激动。许多栖息在花园黑暗角落的植物生长得奔放而美丽，它们的叶子和花朵都能令人印象深刻。一些可以作为地被植物，模仿林地花园的条件，而另一些则适合爬上栅栏或树冠。喜阴的乔木和灌木在吸引野生动物的同时也为它们提供了隐居处。

玉簪属草本植物

这些受欢迎的多年生草本植物因其令人印象深刻的大叶子而被种植，其颜色包括暗蓝色、酸黄色、石灰绿色和一些杂色。不过要留意它们，因为蛞蝓喜欢它们。

荷包牡丹

荷包牡丹（*Lamprocapnos spectabilis*）

之所以这样称呼，是因为它们会开出心形的花朵，底部看起来像一个小水滴。这些多年生草本植物在部分阴凉处偏爱潮湿、凉爽的条件，然而如果土壤保持潮湿，它们也可以接受一些阳光照射。

日本枫树

鸡爪槭（*Acer palmatum*）

在斑驳的树荫下，这些小的落叶树可以茁壮生长，它们长着华丽的掌状(五裂)叶子。许多枫树都有迷人的彩色叶子，包括红色、黄色和紫色，都是令人印象深刻的秋季色彩。有一些裂开的叶子，它们需要防风保护。

常春藤

洋常春藤（*Hedera helix*）

爬山虎能适应极阴凉的环境，像园艺靴一样坚韧。有很多品种可以选择，包括奶油色的、银色的，还有金色的斑纹。这种常绿攀缘植物在深秋开花，是花蜜的重要来源。

长春花

小蔓长春花（*Vinca minor*）

长春花是遮阴最好的低生长地被植物之一，能够在大多数土壤条件下茁壮生长，开出大量带粉紫色的花。它是一种多年生常绿植物，可以很快覆盖裸露的土壤，但如果你不想让它占据花园的其他区域，则可能需要定期修剪。

藤绣球

藤绣球（*Hydrangea petiolaris*）

这种藤绣球灌木原产于日本和朝鲜半岛的林地，非常适合在朝北的墙或树下培育。夏天，它会开出蕾丝状的白色花冠，秋天，它的叶子会变成黄油一样的黄色。

打造低维护的干花园

干花园，有时被称为砾石花园，是一种低维护的设计方案，适用于排水良好、干旱的土壤条件，通常在有充足的阳光和较低降雨量地区。这种风格复制了地中海一些地区类似的生长条件，许多有趣的、耐旱的植物在炙热的阳光下茁壮成长。

砾石花园中要种植耐旱植物,它们可以在干燥炎热的环境下生存。通常,最合适的植物是小型的银色叶系植物,如薰衣草、蒿属植物、百里香和刺芹属植物(海滨刺芹)。针茅、芒草、狼尾草和薹草等观赏草也很合适,为干燥的空间增添了质感、戏剧性和动感。除了看起来漂亮之外,这种风格的园艺还有一个特别大的优点,那就是它的维护成本相当低。

这种风格的花园需要充足的阳光和排水良好的土壤。因为在厚重的土壤中或在部分阳光下可能不起作用,所以可能要建造凸起的种植床,还需要充足的阳光、自由排水的土壤和砾石覆盖。还需要修剪掉任何悬垂的树冠和树叶,以创造更多的光线。

砾石花园通常没有由不同材料制成的可区分

的路径通往花坛。相反，整个区域，包括种植床和预期的人行道或小径，都被砾石覆盖。

植物几乎随机地点缀在砾石中，它们之间的空隙形成了自然的小径。这贯穿了整体设计，带来了一种自然的感觉，仿佛植物就在自然栖息地生长一样。

新手入门

为了打造一个干花园，请轻轻地挖掘预期的种植区域，打破表面下可能阻碍多余水分排出的黏土层。加入少量的花园肥料，但不要太多，虽然这将促进植物繁茂地生长，但是需要更多地浇水。

种植前将植物浸泡在桶中几个小时，这将减少它们进入土壤后的浇水需求。在理想情况下，选择小型的幼苗，因为它们会在干花园中更好地生长，将较少依赖于浇水。植物应该尽可能随机地放置，更贴近自然，就像它们已经播种在那儿一样。种植后，用沙砾覆盖整个区域并将其耙平，深度为3~5cm。

日常维护

将植物自然地播种到沙砾覆盖的区域，并保持最少的浇水量。若干年后，一些植物可能会被挖出来，分成更小份儿并重新种植，这样更利于植物生长，可以使植物保持年轻和健康。砾石床可以抑制大部分杂草，但偶尔拔出一些杂草也是必要的。

上图和对页图：许多有芳香叶子的植物，如薰衣草和鼠尾草，在炎热和干旱的条件下茁壮成长。

干花园的植物精选

在阳光充足的情况下，茁壮成长的植物是适合干花园的植物，需要较少地浇水。它们将在干旱条件下茁壮成长。选择一种植物组合，因为它们在大小、形状和纹理上形成鲜明的对比，并将它们彼此靠近，以夸大它们的结构性特质。

艾草

中亚苦蒿（*Artemisia absinthium*）

艾草是一种直立的多年生植物，具有银灰色的叶子，是苦艾酒的原料，具有传奇般的致幻效果。它在干燥干旱的条件下茁壮成长，也适合用于药草园。

墨西哥飞蓬属植物

加勒比飞蓬（*Erigeron karvinskianus*）

乍一看，你可能会误以为这种植物是草坪上常见的雏菊，虽然花本身很相似，但这种植物是一种丛生的多年生植物，有银绿色的叶子，喜欢在干燥的地方生长，如墙壁缝隙以及岩石和砾石之间。

非洲百合

百子莲属（*Agapanthus*）

非洲百合开大的鼓槌形花朵，通常是深蓝色的，但是也有白色和淡紫色的品种。这些多年生植物有带状的叶子，种子头在冬天仍然直立挺拔。

象草

芒属（*Miscanthus*）

如果你想要创造出长时间引人注目的效果，那么这种观赏草是理想的选择。它长着大量的拱形叶子，在冬天会呈现红色的色调，而令人印象深刻的花朵在夏天出现，并持续整个冬天。

海滨刺芹

刺芹属（*Eryngium*）

这种引人注目的多年生植物根据物种的不同有多种形状和大小，但其中大多数都有非常引人注目的、铁蓝色和银色的叶子。它们有结构性的类似蓟的花头，茎多刺。

马鞭草

柳叶马鞭草（*Verbena bonariensis*）

一种高大的多年生草本植物，有大量飘逸的紫色叶头高高地悬在地面上。可以将它们大量播种在花园周围，增加砾石花园的自然效果。蜜蜂和蝴蝶喜欢它们，因为它们富含花蜜和花粉。

打造丛林感花园

在亚热带风格的花园中，种植着郁郁葱葱的植物，绿叶和鲜花是重要的元素，体现出一种异国情调。一些丛林植物可能会长得很大，因此在狭小的空间内种植时，通常会受到很大的影响。许多异国情调的植物都出奇地耐寒，可以在户外种植。

亚热带植物需要充足的阳光和肥沃的土壤。需要在炎热的天气里大量浇水，模拟热带地区的暴雨，这将使植物长出茂盛的叶子。

为了达到丛林的效果，你需要完全沉浸在植物中。打造一个深而宽大的花坛，里面种植各种绿叶植物，最小的植物在前面，较大的植物在后面，创造出一种层次感。还可以把一些较高的植物向前移动，创造出置身于高耸的植物之间的效果。在较小的花园中，这种效果更容易实现，因为你离植物更近，而较大的植物会让你感觉它们比你更高。

小路和座椅

由木制户外地板铺成的小路增添了丛林色彩。即使在一个小花园里，也要设计路径，使它们通向视线之外，给人一种冒险的感觉，让空间感觉比实际更大。在小径两侧每隔一段敲入一根柱子，并用绳子将它们连接起来作为扶手。

把小型休息区设置在木板区域郁郁葱葱的植物中。悬挂在两根柱子或树木之间的吊床有助

防霜冻

如果你住在寒冷或有霜冻的地区，可以在花盆里种植一些娇嫩不耐寒的植物，这样冬天就可以把它们挪到室内。

于营造氛围。

获得想要的效果

想要看到让人印象深刻的叶子，试试种香蕉吧。最顽强的品种是芭蕉(*Musa basjoo*)，它提供了郁郁葱葱的热带树叶(尽管它不会结出真正的水果)。美人蕉和姜百合也有类似的效果。或者，你可以尝试一下菊科植物、棕榈树和蕨类植物。

色彩鲜艳的大丽花也增添了亚热带的主题，而竹子则为丛林风格的花园提供了绝佳的背景。

从左起顺时针方向：姜百合，有着奇异的花朵和繁茂的叶子，这是亚热带花园中一种奇妙的搭配植物。

高大的美人蕉是阳光明媚的花坛后面的理想植物。

创造弯曲的路径，植物相互簇拥着，形成真正的丛林效果。

11

和杂草做朋友

通过一些合理的管理措施和仔细的植物选择，你可以灵活管理花园中的植物，特别是那些在自然环境中自由生长的植物。或者你可以学会与它们共存，享受它们带来的好处。

杂草只是一种生长在错误的地方，干扰预期种植植物的，令人讨厌的植物，它们大小不一，从小的蒲公英到巨大的树。园艺中一个不可避免的事就是杂草丛生。关键在于有效地控制和管理它们，这样人们就能享受到杂草带来的好处，而不是让它们成为你的困扰。

有什么问题吗？

如果任由杂草生长在其他植物中，它们会争夺土壤中的养分，从而耗尽现有植物所需的肥力。这可能导致蔬菜作物、水果植物或观赏植物营养缺乏。

此外，杂草还会影响其他栽培植物的光照，使后者长得细长或虚弱，或完全杀死它们。例如，在卷心菜地中出现一小块荆棘，它们长势凶猛，很快就会超过卷心菜，可能会导致蔬菜死亡。

杂草的好处

然而，这些饱受诟病的植物也有很多好处。杂草有助于平衡花园的生态系统，并会吸引许多昆虫传粉者。例如，常青藤和蒲公英分别是初冬和初春的重要花蜜来源，因为这个时候其他植物很少。在生长季节，同样的昆虫会重新造访你的水果和蔬菜植物，为它们授粉，这将增加产量。

一些杂草也可用于药用花园。像荨麻和紫草一类的植物可以制成丰富的液体肥料(见第140页)。一些杂草可以食用，甚至可以制成美味的葡萄酒或烈酒。

如果可能的话，在花园里留出一些空间让杂草生长，以促进生物多样性。花园里的植物种类越多，你的花园就会越健康。而且，让我们面对现实吧，杂草是免费的，所以最好充分利用它们。可以在花园中专门开辟一小块地，或者在草坪中，或者在花坛中，让杂草自由生长。

从左起顺时针方向：折腰草是一种常见和持久的杂草，但可以通过定期拔掉其蔓生的茎来控制。

像三叶草这样的花被一些人认为是杂草，但蜜蜂喜欢它们丰富的花蜜。

狗舌草是有毒的，尤其是对吃它的牲畜来说，最好不要让它结子。

控制杂草

尽管杂草有益处,但关键是不能让它们完全占据花园,需要控制它们,防止它们在花园中有扩散的趋势。否则,它们将取代现有的植物,现有的植物将会不堪重负。此外,太多的杂草也会让花园看起来不整洁。

遮盖——杂草在裸露的土壤上生长得很快,防止杂草蔓延的较简单的方法就是把地面覆盖起来。这会挡住光线,从而阻止种子发芽。对于小面积的区域,你可以使用抑制膜,有时被称为景观织物,甚至旧地毯,前提是它不含任何可能会渗入土壤的化学物质。然而,这在大范围内并不总是可行的,用合成材料覆盖大量裸露的土壤对环境和生物多样性不利。

天然地膜材料——一种对环境更友好的方法是使用旧纸板箱作为覆盖物,因为这种材料最终会分解到土壤中,为预期的花园植物生长提供碳源。

可以用腐烂的马粪、花园堆肥、石板砾石或鹅卵石等天然材料覆盖裸露的土壤,这样可以暂时抑制杂草生长,尽管它们最终也会长出来。

种植植物——毫无疑问,防止杂草发芽的最有效和最环保的方法是在这些地区种植花园植物。把你最喜欢的植物种在裸露地面的花坛上,它们会遮住光线,有助于防止杂草发芽和蔓延。

清除杂草

在花园里一定要留点空间给杂草。如果必须把一些对植物有害的杂草从种植床上移除，有几种方法可以选择，根据它们的类型来移除一年生杂草或多年生杂草。

一年生杂草——将在一年的时间里生长、开花、结子和死亡。它们通常有一个小的根系，但当播种到花园的新区域时产量很高。例如肥母鸡、土仙、毛苦芥、早熟禾和鹰嘴草。

清除一年生杂草最有效的方法是使用长柄锄头。把锄头推到土壤表面以下，穿过一年生杂草的根。收集植物并将它们添加到堆肥堆中。

多年生杂草——年复一年地生长，有一组有害的根，除草时需要完全去除，以防止杂草继续生长。例如，折戟草、虎杖草、蒲公英、刺荨麻、接骨木、沙发草和荆棘。

除多年生杂草时，一定要把根茎全部拔掉。用叉子把根挖出来，要小心，不要将多年生杂草添加到堆肥堆中，因为根部会重新发芽。

对页图：防止杂草的最好方法是用植物覆盖地面，比如这种玉簪，它的大叶子挡住了下面的光线。

左上图：锄地是清除一年生杂草的有效方法，但注意不要破坏现有植物的根部。

右上图：一些植物，比如蒲公英，有长长的根，需要切除整个根，以确保它不会再长出来。

12

种植芳香植物，让夜晚焕发生机

在一个温暖的夏日夜晚，坐在户外花园里，其中的乐趣之一就是享受芳香植物释放出的香味。许多芳香植物会吸引夜间传粉者，如飞蛾。

仔细规划在哪里种植可以在夜晚散发香味的植物，这将增加花园里的趣味性，让你在夏日的夜晚，有一种神奇的体验。大多数芳香植物在下午温暖的阳光中会变得更香，所以尽量把它们种植在花园里光照充足的地方，通常是朝南或朝西南的位置，这样可以最大限度地利用白天最后的阳光，让植物散发香味。

座位区

在座位区附近种植晚香植物，在夏末的夜晚芳香更浓，令人陶醉。为了最大限度地发挥每种植物的独特香气，在一个小花园里，最好只种一两种你喜欢的芳香植物。在更大的空间里，可以在不同的地方种植芳香植物，这样当你四处走动时，就能闻到不同的香味。

边缘小路

把这些植物种植在边缘小路的两侧，当你经过时，就能闻到它们迷人的香气。

许多植物还长着迷人的淡白色花朵或叶子，在月光下也能看到，自然地指明了该走哪条路。

这些植物会促使你到夜间花园去探索或放松。毕竟，我们很多人白天都在工作，回家后花园一片漆黑，所以创造一个夜晚充满活力的芳香花园，可以让你身心更加愉悦。

门边花盆

在门边花盆里种植一些芳香的植物。在温暖的晚上，打开门，香味就会飘进来，让房子里充满美妙的香味，有点像天然的空气清新剂。还可以把植物放在卧室窗户下面或外面，这样在一个温暖的夜晚，当你躺在床上，开着窗户时，就可以闻到它们的香味。

对页图：把紫藤、金银花和茉莉花等有香味的攀缘植物挂在墙上，让你的周围充满香味。

晚香植物精选

令人惊讶的是，有多少植物在晚上释放出迷人的芳香，旨在吸引授粉、夜间飞行的飞蛾，但无意中也引诱我们进入花园。晚香植物有各种形状和大小，包括小的多年生草本植物、大的灌木，甚至是覆盖在凉棚和座位周围的攀缘植物。

月见草

月见草（*Oenothera biennis*）

这种高大的多年生植物在初夏温暖的夜晚开出黄色的花朵，释放出柑橘味的香气。它适合在花坛里种植，或者在花盆中种植。如果在花园周围撒种，就得盯着它，否则它会占据整个花园。

冬青叶甜尖顶

冬青叶鼠刺（*Itea ilicifolia*）

一种迷人的常绿灌木，叶子有光泽，呈一种稍微松散的姿态，所以有利于靠墙或栅栏生长，尽管它也可以独立生长。它在夏天会产生长长的柳絮，带有蜂蜜的香气，让授粉的飞蛾无法抗拒。

日本紫藤

多花紫藤（*Wisteria floribunda*）

大多数紫藤都有香味，但据说多花紫藤是所有紫藤中香气最好的。长长的蓝色总状花序从它的树枝上垂下来，散发着香气。它是一种爬藤植物，所以需要一个结构来任其攀爬。非常适合在座位区上方的凉棚上生长。

曼陀罗

木曼陀罗属（*Brugmansia*）

一种原产于南美洲的柔嫩灌木，但能在有遮蔽的户外无霜区生长。或者，也可以在花盆中种植，在室内过冬。这种灌木的特点是其大喇叭状的花朵，长达30cm，香气怡人，颜色各异。

欧亚香花芥

欧亚香花芥（*Hesperis matronalis*）

如果你喜欢紫罗兰的香味，你也会欣赏这种浓郁的二年生或多年生植物。欧亚香花芥会开出粉红色、淡紫色和白色的花，香气在晚上会更加浓郁。非常适合种植在假山、砾石花园和村舍花园中。

林地烟草植物

林烟草（*Nicotiana sylvestris*）

这种多年生植物开大量白色小号状的花。它在白天有一种甜美的香气，但在晚上会更加浓郁。它的植株相当高，所以适合种在花坛的后面，也可以种在花盆中。它可以在花园里大量播种繁殖。

从左起顺时针方向：卡丽卡帕灌木结出令人惊叹的、装饰性的金属紫色浆果，可以持续到圣诞节。

达芙妮是冬季花园中受欢迎的芳香灌木之一。

在冬天，红艳艳的山茱萸枝干与纯白的桦树树干形成鲜明的色彩对比。

13

冬季的花园

令人惊讶的是，冬季也是一年中享受花园的绝佳时间。有一些植物用它们甜美的香味给凉爽的空气增添一丝芬芳的气息，有色彩鲜艳的冬季茎干和树干，还有鲜艳的冬季浆果。此外，也有很多花在冬季绽放。

冬季茎干

一旦落叶乔木和灌木在冬天失去了它们的叶子，一些植物就会自成一派，因为它们能够在冬季展示裸露的茎，非常壮观。冬季最受欢迎的茎干植物是柳树和山茱萸，有各种颜色，如火红色、橙色和黄色，以及更深的颜色，如黑色和紫色。通常在早春要贴着地面进行修剪，这将促使来年生长出新鲜的茎, 供人观赏。

即使天气太冷不能外出，只要你在厨房窗户的视线范围内种一棵树干漂亮的树，也足以让你的一天充满阳光。有许多树有美丽的树干，在冬天表现得最好。桦树可能是受欢迎的冬季树木之一，它们有令人眼花缭乱的白色树干，还有蛇皮枫树，它们有带条纹的树干，或血皮槭(*Acer griseum*)有呈纸片状剥落的树皮，都非常有特点。另外，一种吸引人的冬季树木是细齿樱(*Prunus serrula*)，有着深红色的装饰性树干。

有香味的灌木

寒冷的空气更突出了一些开花较早的乔木和灌木的香味。把它们种在前门附近，这样你每次进出房子的时候都能闻到它们的香味。一些在冬季香气非常好的灌木包括：双蕊野扇花(*Sarcococca hookeriana* var. *humilis*)、藏东瑞香(*Daphne bholua*)和蜡梅(*Chimonanthus praecox*)。

花和浆果

冬天有很多颜色鲜艳的花，种在花盆里或吊篮里看起来很棒。其中最受欢迎的有菟葵、冬堇菜、石南花和仙客来。雪花莲会在冬末开始开花，种在树下或树篱下，非常吸引人。

色彩鲜艳的浆果在冬天格外显眼，尤其是在常绿树叶的衬托下。冬青树是可以在冬季结出浆果的传统植物，但也有其他同样令人印象深刻的灌木，如金缕梅、火棘和蔓越莓。

冬季盆花种植

用色彩缤纷的冬季盆花点亮黑暗的冬天。把花盆放在窗台上，并确保在你的视线范围内，这样你就可以在温暖的房间里欣赏这些花了。还可以将它们摆放在门边，这样你每次离开或回到家的时候都可以看到。所有植物都可以在花园中心买到，而且很容易维护。

你需要

抗寒容器

砖块

×1

×2（至少）

茵芋"卢贝拉"，作为核心

通用无泥炭堆肥土

×1

瓦罐碎片或石头

冬季开花植物，如冬花三色堇、堇菜、报春花、石南花、耐寒仙客来

❶ 选择一个抗寒容器。木头、陶土或陶器都是合适的材料，只要确保它们是防冻的，底部有排水孔就可以。

❷ 在容器底部放一些瓦罐碎片或石头。它们将增加较轻的塑料容器的重量，防止堆肥从孔中冲刷出去，并将改善排水。

❸ 给容器装一半通用无泥炭堆肥土。把你想种植的植物放在容器里，把较大的矮灌木茵芋"卢贝拉"放在中间，其他较小的冬季开花植物放在外面。

❹ 用堆肥土回填容器的其余部分，用指尖按压，把植物周围的堆肥土固定。堆肥土应该刚好低于容器的高度。

❺ 将容器移动到最终位置。将容器放在平整的砖块上，这样有助于排水。给植物浇一点水，有助于植物根部周围的堆肥土沉淀。

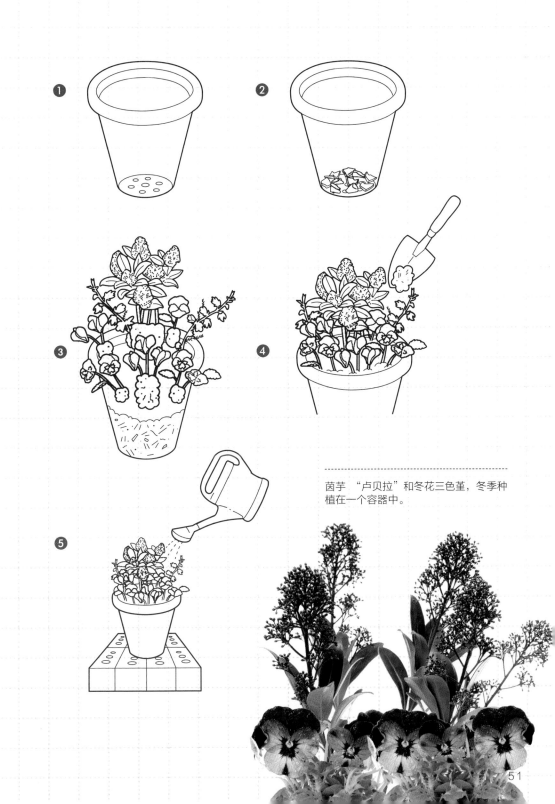

茵芋 "卢贝拉"和冬花三色堇，冬季种植在一个容器中。

14

向上延伸的花园

有时在小花园设计中，唯一的方法就是向上延伸，这也是被大家推崇的方法，因为感觉被各种层次的植物包围是美妙的，就好像你是花园的一部分。最大限度地利用垂直表面，如栅栏、墙壁和棚架，为你的花园带来额外的空间维度。

大多数花园都有墙壁或栅栏作为边界，这些都是种植攀缘植物的理想场所。像铁线莲、金银花、弗吉尼亚藤蔓和紫藤这样的攀缘植物可以顺着棚架或电线向上生长，并沿着垂直结构继续攀爬。用植物覆盖垂直的表面比棕色的栅栏更有吸引力，更自然。此外，它为鸟类和其他野生动物提供了栖息地。

营造神秘氛围

不仅在花园的边缘可以利用垂直空间种植，在花园内部也可以创造条件垂直种植，为平坦的空间增添趣味。可以有策略地在花园内竖立栅栏、树篱或棚架，以培养植物向上生长。

作为一种设计技巧，在花园中使用垂直结构可以创造一种神秘感和拥有一个更大的花园的错觉，因为无法同时看到整个区域。在植物丛、树篱或棚架后面铺设通向视线之外的小路是一个聪明的技巧，可以给人一种后面有更多花园空间的感觉。

拱门是一种很好看的方式，可以打造一个进入花园不同区域的入口，将视线引入其他区域。可以在这儿种植攀缘玫瑰或葡萄藤这样的植物，作为装饰，非常吸引人。

把东西隐藏起来

垂直种植也可以用来隐藏花园中不美观的地方。树篱、栅栏和种植植物的棚架可以用来隐藏堆肥堆、垃圾箱或棚子。

在休息区上方设置藤架是一种很好的方式，可以将种植区域延伸到头顶，而不会因为桌椅占据了空间而失去种植区域。

对页左图：用栅栏和墙壁来培育攀缘植物，比如这种黑眼苏珊藤(黑眼花*Thunbergia alata*)，以获得额外的生长空间。

对页右图：藤架和拱门是培育攀缘玫瑰的绝佳场所，当你走过的时候，可以闻到迷人的香味。

种植一棵景观树

在花园中加入景观树是一
种简单的设计方法，可以
提升直立的空间趣味性。
树冠可以在夏天提供树
荫，由于树的品种不同，
每个季节都有不同的特点
和趣味性。如春天开花，
夏末结果，秋天的颜色和
冬天迷人的树干。

15

打造一个安静的角落

花园是逃避现代日常生活压力的完美场所。在室外一个安静的角落里休息，周围是美丽的植物和鸟鸣声，也许还有流水，这是放松和享受花园宁静的完美方式。即使在最小的空间里，也有可能找到属于你自己的一片花园天堂。

打造一个安静角落的关键是给空间一种隐居、封闭和隐私的感觉。这可以通过隐藏座椅区域来实现，这样你就可以沉浸在周围的环境中，并与花园和房子的其他元素分开。有各种各样的材料可以用来围绕隐藏的角落，包括围栏、棚架、编织板或石墙。

树篱避难所

在座位区周围种植自然植物很好，可以用山楂树、冬青树、西洋接骨木花和野蔷薇等植物混合成非正式的树篱，也可以用更统一和正式的植物，比如修剪过的紫杉树篱。别忘了，落叶植物在秋天会落叶，所以可能有半年的时间会失去与世隔绝的感觉。

其他技巧是在现有的、已建立的厚树篱上制造一个缺口。用锯或剪草机把树篱前面的几根直

立的树枝锯掉，就可以在树篱的缝隙里放一张长椅，打造一个被绿色植物围绕的安静角落。

柳树凉亭

可以在花园的长椅周围打造一个充满生机和活力的柳树凉亭，创造一个隐蔽的空间。将嫩柳条插到土壤中，大约5cm深，围绕长椅的背部形成半圆形，每根之间的间距保持20cm。一两年之后，柳条就会长得足够长，可以将生长尖端向长凳上方的中央弯曲。简单地把它们绑在一起就可以做成一个小柳树凉亭。夏天的时候，柳树枝繁叶茂，在花园里形成了一个完美的隐蔽之所。

屏蔽噪声

如果你住在繁华的道路附近，或者邻居很吵，你可以使用一些技巧来减轻影响。其中之一就是打造一个有流水的水景，比如喷泉或小瀑布。这样做的目的是，水声可以阻隔花园外任何令人恼火的骚动。即使不能完全屏蔽噪声，水声也可以起到让人平静的作用，你可以保持专注。

想要营造更巧妙的、舒缓的氛围，可以试试竹子和观赏草，因为它们在风中轻轻摆动时发出的沙沙声能让人放松。

对页图：高大的绿色植物如蕨类植物、耐寒的香蕉树和竹子，将打造一个僻静的世外桃源。

左上图：将长椅放置在隐蔽的角落，以保护隐私，坐在那里可以欣赏到不一样的风景。

右上图：观赏草如这种蒲苇生长迅速，变得非常高，使它们成为理想的遮蔽植物。

变得舒适

如果你打算花些时间在隐藏的角落,应该考虑打造一个舒适的座位区,有户外沙发、靠垫和豆袋。躺在两根柱子或树之间的吊床上是一种消磨几个小时的美好方式。

考虑一下旅程

如果有足够的空间,可以打造一条通往隐藏角落的路径或通道。有时,通过一段短暂而与世隔绝的旅程,慢慢地到达最终目的地是件美好的事,因为它给藏身之处增添了探索的元素。确保隐藏的角落真的在视线之外,使用蜿蜒的路径或建造垂直立柱,如拱门或棚架,以将其与房屋遮挡。

打造一个世外桃源

避暑屋是在花园里创造的一个完美的世外桃源。屋内有你所期望的所有物质享受,比如电、原木燃烧器和无线网络,不过你可能需要向当地政府核实是否需要规划。如果方便,那么最节省成本的方法是将一个棚子改造成避暑屋。为了营造一种神奇的氛围,还可以在屋顶上种绿色植物,如永生植物和其他多肉植物。侧面可以用树枝包裹,在树林中复制一个小木屋。在室外,种植一些小树,如桦树、海棠树和樱桃树,以延续森林隐居的主题,或者在花盆中种植一些日本枫树。

如果你喜欢冒险，又有足够的空间，可以考虑建一个树屋。这种观景房是户外的终极时尚配饰，可以在这里鸟瞰整个花园，欣赏下面的各种植物。显然，这取决于有一棵合适的坚固大树，尽管一些专业公司也会为树屋提供支撑结构。如果自己动手做不是你的强项，那么可以让专家帮助你建造。

对页图：吊床非常适合在夏天度过一些安静、困顿的时光；简单地把它绑在两根结实的柱子、树木或吊床架之间。

上图：置身于高高的野花和野草之中，完全沉浸在大自然中。

右图：从鸟瞰花园的角度来看，树屋是一个完美的花园休憩场所。

设计一个低维护的简易花园

拥有一个令人愉快的花园，可以在里面度过休闲时光，花园里布满奇妙的植物，是我们大多数人都渴望的，但可能没有太多的空闲时间来实现。幸运的是，有很多设计理念，植物需要很少的维护和照顾，就能创造一个美丽的户外空间。

设计一个低维护的简易花园不仅仅是因为"没有足够的时间"。还有其他原因让我们想少插手花园。这些原因可能包括残疾、不够健康、不够活跃、年龄大、拥有出租或度假房产、住在租来的房子里，或者只是对园艺或植物不感兴趣，却想坐在外面享受周围的环境。

简易花园的元素

值得庆幸的是，拥有一个低维护的简易花园并不需要在整个花园上铺路。用最少的付出就可以被可爱美丽的植物包围，但在打造花园的一开始还是需要做一些工作(也可以聘请景观设计师来完成)。

砾石床(见第35页)—— 使用砾石作为覆盖物来抑制杂草和保持水分。大多数砾石床上的植物生长缓慢，不需要打木桩、修剪或浇水。

生长缓慢的常绿灌木 —— 是理想的树篱植物，因为它们通常很少需要剪枝或修剪。紫杉就是一个很好的例子，成团的竹子也很有用，虽然很少需要修剪，但是能提供直立的结构和屏障。

长草草坪 —— 吸引野生动物；如果需要通道，可以在大片草坪中隔出一条小路。

观赏草、耐旱多肉植物和一些多年生草本植物 —— 通常不需要任何维护，如打木桩、修枝或修剪。

灌溉系统 —— 如果你想在容器中种植植物，就要建立一个灌溉系统，连接一个水桶或水龙头，以避免定期浇水。试着在旧的软管(滴水软管)上穿几个小洞，把它连接到花园的水龙头上，每天开一次，每次15分钟。将软管放置在容器之间，让软管上的洞靠近植物。

对页图，从左起顺时针方向：能自播繁衍的花，如勿忘我，几乎不需要维护，但却开得非常茂盛，每年春天都会为你带来缤纷而明亮的色彩。

多肉植物石莲花几乎不需要浇水。

采用生长缓慢的灌木和大量的地被植物来减少除草和修剪的需要。

要避免的事情

如果你时间紧迫，下面是一些比较耗时、要求高的事情，你可能想要避免：

草坪，建议你可以减少修剪频率，而不是每周修剪一次。

花坛植物，需要每年春天种植，每年夏天移除，并需要浇水。

一年生花卉，需要每年播种和种植，许多需要打木桩。

娇嫩的植物，需要每年冬天搬到室内，或者在寒冷的天气里用羊毛状织物覆盖。

花盆和吊篮，在夏天大部分时间都需要浇水，并且大多数年份都需要重新移栽或重新种植。

蔬菜，大多是一年生植物，需要准备苗床、播种、种植和收获。

果树和攀缘植物，每年都需要修剪和培育。

空地，杂草很快就会蔓延进去。

温室植物，需要浇水，需要打开通风口，并且在炎热的天气里需要遮阳。

免挖掘——如果你想种植蔬菜，自给自足，可以打造一个免挖掘式的蔬菜园(见第146页)。可以在土壤上放置几层纸板和堆肥，并通过它们种植植物。尽管种植蔬菜仍然需要做一些工作，但与传统园艺相比，使用这种方法，除草、耙地和挖掘要少得多。

岩石花园(见第62页)——可以用高山植物打造，因为它们生长缓慢，几乎不需要维护。

小型种植床——在露台或户外地板上种植多年生草本植物，打造小型种植床。大约1m宽的小床比大床更容易管理，而且离地意味着种植、除草和一般维护的弯腰时间要少得多。

对页图，从左起顺时针方向：如果你没有时间每年播种和清理苗床，那么芦笋等多年生蔬菜需要的工作量比一年生蔬菜要少。

最初打造一个假山庭院可能是一项艰巨的工作，但一旦建立，高山植物生长缓慢，周围的岩石和砾石会抑制杂草的生长。

选择合适的植物种植在砾石床中，你可以放松并享受这令人惊叹的成果——几乎不需要除草或浇水。

打造一个岩石花园

重现一个令人惊叹的山顶场景或悬崖峭壁上的景观，对于家庭园艺师来说，是一个有趣的挑战。在很小的花园中就可以打造满是高山植物的岩石花园，一旦建成，维护成本很低，高山植物在一年中的大部分时间里都能带来季节性的乐趣。

许多高山植物都很小，适合种植在缝隙或狭窄空间中，例如水槽、洗涤槽和花盆中。由于有许多不同品种的高山植物可供选择，因此每个季节都有令人感兴趣的植物可以种植。

对于那些经常搬家或租房的人来说，每次搬迁时都可以将种有高山植物的花盆带到新房子。由于这些植物的体积小，可将大量的植物塞进较小的空间，充满趣味性。

打造一座假山庭院

建造假山就要尽量模拟与山上相似的环境。这包括自由排水的土壤和大量的岩石，以及为低矮植物遮风挡雨的角落和裂缝。可能还要剪掉悬垂的树枝，让光线进入该地区，因为充足的阳光是大多数高山植物生长的先决条件之一。如果花园里土壤较重，可以在种植床上建造假山，里面铺满排水良好的土壤和园艺沙砾。

开始将岩石或石头放到合适的位置。通常较简单的方法是先放一些较大的岩石，然后在它们周围放一些较小的岩石。在较小的岩石之间打造出小角落和裂缝，然后可以用作种植洞。挖出一个小洞，将大石头放进去，这样它们就安全了。可以用撬棍把最大的岩石撬到合适的位置。

种植高山植物

制作一种由等量的园艺沙砾、叶霉菌和壤土组成的高山堆肥混合物。将高山植物从花盆中取出，种植到堆肥混合物中。因为高山植物不喜欢叶子被弄湿，可以在高山植物周围使用更多的园艺沙砾，覆盖土壤表面，深2cm。这也将有助于防止杂草发芽，与植物争夺空间和养分。

对页图：在岩石之间使用砾石和/或沙砾来防止杂草发芽，也为高山植物保留水分。

石头采购源

石头和岩石可以从硬景观材料供应商那里购买。通常，二手石头会在线上市场做免费广告。如果可能的话，选择适合当地环境和自然颜色的材料。始终寻找可持续的资源。

高山植物精选

高山植物喜欢阳光充足、排水良好的土壤。它们的名字来源于阿尔卑斯山脉，这些植物最初是在那里采集的，尽管现在这个术语指的是任何耐寒的、生长较矮的、喜欢自由排水环境的植物。因为在自然暴露的环境中，高山植物躲在裂缝或岩石后面避风，所以高山植物通常都很小。

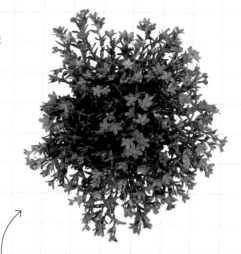

紫草"天堂蓝"

疏花木紫草"天堂蓝"（ *Lithodora diffusa* 'Heavenly Blue'）

这种低生长常绿灌木的高度和宽度可达40cm，开鲜艳的深蓝色花朵。"*Lithodora*"一词起源于土耳其和希腊，在希腊语中是"石头礼物"的意思，这种灌木因喜欢岩石土壤而得名。

露薇花

露薇花（ *Lewisia cotyledon* ）

一种受欢迎的低生长多年生植物，从莲座状花序中长出来，形成深绿色、肉质、匙状叶子。常见的是粉红色的漏斗状花朵，但也有其他颜色的，包括白色、紫色、橙色、黄色和品红色。

吊钟花"伯奇"

风铃草"伯奇"（ *Campanula* 'Birch hybrid'）

一种多年生常绿植物，夏季开出大量漂亮迷人的钟形紫罗兰色小花，高高地长在浓密的深绿色叶子上方，非常适合在岩石或花盆的侧面种植。

粉色石竹 "流行明星"

石竹 "流行明星" （*Dianthus* 'Pop Star'）

一种受欢迎的高山粉红色多年生植物，开淡紫色有镶边的重瓣花，中心深樱桃色，香气诱人。适合种植在阳光充足的、排水良好的碱性土壤中，或在容器中，该花枝叶繁茂，是假山花园的理想选择。

虎耳草 "白山"

虎耳草 "白山" （*Saxifraga* 'Whitehill'）

一种迷人的多年生常绿植物，银灰色的叶子呈莲座状生长，基部略带红紫色。从春天到仲夏，会在长拱形茎上开出繁星般的白色小花。非常适合在假山或装满沙砾堆肥的容器中种植。

蜘蛛网石莲花

卷绢（*Sempervivum arachnoideum*）

一种常绿多肉植物，有绿色和红色的肉质莲座结，有独特的毛发，使它看起来好像被蜘蛛网覆盖着。它会在夏天开出迷人的粉红色星形花。

它起源于阿尔卑斯山脉、亚平宁山脉和喀尔巴阡山脉，生长在炎热、干燥的条件下。

18

引入水景

水景的引入可以将室外空间转变为野生动物的绿洲，促使它们在那里喝水或洗澡。水景还可以在花园里营造一种气氛或情绪，流动的水如迷你瀑布，水的流动和声音可以唤起活力。或可以打造一个静止的水池，平静的水面令人沉思。

有各种各样的方法可以把水引入花园，从野生动物的池塘到花盆里的小喷泉。无论你的目的是什么，都可以将水作为花园的焦点。在房子附近建造一个水景，将促使野生动物更接近那些行动不便的人，而将池塘设置在更远的地方，可以打造一个与花园其他区域分开的独特之所。

在小花园中，最好选择与花园其他部分主题相契合的水景风格。在现代别致的花园中打造一个野生动物池塘，可能看起来不协调；同样，在一个小型厨房菜园或小屋花园中打造一个正式的池塘又会显得太过鲜明。

实际考虑因素

池塘有很多实际考虑因素，以充分利用这个空间。在尺寸方面，池塘要尽可能大，最小深度为50cm，表面积不小于4.5m²，否则会出现藻类、温度变化过大、水分蒸发和水氧不足的问题。表面积越大，池塘应该越深。如果空间真的很紧张，打造一个迷你水景，容器池塘或墙壁喷泉会是更好的选择。

如果正在建造一个有电力供应（照明/泵）的正式池塘，最好寻求专业人士的帮助。

为了避免水因藻类而变绿，最好将池塘设置在斑驳的阴凉处，避免阳光充足的地方。落叶等杂物的堆积会增加池塘里的营养物质，所以秋天可能有必要用网把树叶捞出来。

对页图：使用正确的容器，打造一个质朴的层叠水景，增强你的花园的宁静感。

打造一个小型野生动物池塘

水景是激发兴趣的关键，也是任何花园的焦点。野生动物池塘是实现这一目标的较简单方法，它可以吸引小型哺乳动物、鸟类和昆虫进入花园，而且不需要为水泵供电。野生动物池塘可以是你想要的任何大小，还可以并入最小的庭院花园。

你需要

铁锹
×1

剪刀或斯坦利刀
×1

水生植物

水平仪
×1

泥土

丁基衬垫
×1

草皮、岩石和一块木板

水生无泥炭堆肥土

 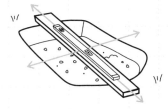 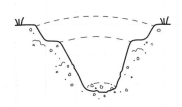

❶ 确定池塘的位置，理想的位置应该是在斑驳的阴凉处、安静的地方，野生动物不会受到打扰。用沙子或软管勾勒出池塘的形状。

❷ 用铁锹挖出池塘。将水平仪放在一块木板上，然后将其放置在整个池塘上方，以确保两侧水平。

❸ 确保池塘有不同的深度，两侧有浅的倾斜区域，让野生动物在不直接掉入水中的情况下到达水中。在10cm深处打造一个10cm宽的平台，用于种植水生植物。最深的地方约40cm，也可以种植水生植物。

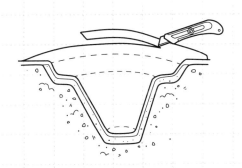 

❹ 清除任何可能刺穿丁基衬垫的尖锐石头或尖锐物体。然后在底部和侧面铺设2cm深的沙子作为地基，并用丁基衬垫覆盖该区域，在周边边缘留出多余的20cm，并用剪刀或斯坦利刀切割成合适的尺寸。

❺ 用泥土覆盖池塘边缘，然后在池塘边缘附近或悬垂的地方铺上草皮、岩石，并种上植物，使它看起来尽可能自然。沿着池塘的框架在水生无泥炭堆肥土中种植边缘植物，以及在更深的区域种植水生植物。

种植一些不寻常的东西——丝瓜

丝瓜(*Luffa cylindrica*)种植起来很有趣，也有实际用途，因为丝瓜络可以当海绵来擦窗户、盘子，甚至身体一比塑料海绵更环保。丝瓜络可以保存很久，甚至可以放进洗碗机或洗衣机里清洗。

挑战自己总是好的，种植丝瓜比其他简单的植物需要做更多的工作。丝瓜是一种葫芦科植物，与南瓜、西葫芦和黄瓜密切相关。你需要一个培育箱来培育它们，然后在温室、玻璃暖房或阳光充足的地方培育它们，因为它们需要温暖的环境才能完全成熟。

准备开始

首先需要一个温暖的环境来让它们有一个良好的开端，并且需要一个漫长的生长季节，所以应该在早春的时候在培育箱中种植，让它们发芽。先将种子浸泡在温水中几个小时，然后将种子种在一个9cm深的花盆里，花盆里装满了通用无泥炭堆肥土。再把每颗种子埋到土壤表面以下2cm处。把它们放在培育箱里，保持在25°C的恒定温度。当感觉堆肥土干燥时，每隔几天就需要给植物浇水。

对页图：丝瓜是攀缘植物，所以需要一个棚架来帮助它们向上生长。

移植

几周后，当秧苗长到大约6cm高时，将秧苗移栽到一个水桶大小的花盆中。在花盆里装满通用无泥炭堆肥土，把幼苗放进去。把它放在温室或玻璃暖房里，或者光照很好的房间里。

丝瓜是攀缘植物，所以需要用藤条做一个棚架，这样它们的卷须才能抓住藤条向上生长。让每棵植物长出3~4个果实，之后再长出的果实需要摘除。

准备采摘

丝瓜在深秋成熟，那时果实已经结实牢固。从植物中取出单个果实，剥去外皮，露出下面的纤维组织，这部分丝瓜络可以留下来用于清洁。去掉种子，将丝瓜晾干，然后切成所需大小。

种植其他不寻常的蔬菜

用紫色胡萝卜代替传统的橙色胡萝卜。你还可以尝试高尔夫球大小的圆形胡萝卜，非常适合在浅窗盒中种植。

块茎酢浆草，也被称为新西兰山药，作为马铃薯（土豆）的替代品。

罗马花椰菜——一种看起来古怪的花椰菜，头呈金绿色，与西蓝花密切相关。

打造一个简易的蔬菜园

种植床可以是任何大小的，从装满土壤的垃圾箱到几米宽的大花坛。它们为有背部问题的人提供了解决方案，因为提升种植床的高度可以避免弯腰。无论花园的土壤类型或大小如何，都可以用堆肥来填充种植床，种植美味的蔬菜。

大多数种植床都是由矩形的木板制成的，可以做成你想要的任何形状。如果不喜欢自己动手，还可以购买套件，只需将它们组装在一起并放置在花园中就可以了。更节省成本的选择是简单地将外部木材切割并组装成矩形，在每个角落使用棍子将结构固定在一起。

外形尺寸

种植床可以是任何尺寸的，但通常不超过2m宽，因此无须在上面行走即可对所有区域的植物进行维护，这样还不会压实土壤。如果建造几个种植床，请考虑它们之间的通道，因为可能需要在它们之间推独轮车。

关于种植床的高度没有硬性规定。大多数蔬菜都是浅根的，所以20cm的深度就足够了。然而，将种植床抬高到大约1m，会避免在除草、种植和收割时弯腰工作。

填满种植床

用优质的无泥炭堆肥土填满种植床。或者，一种成本效益高的填充方法是在第一年将其作为堆肥堆，添加水果和蔬菜皮并将它们与落叶、纸板和报纸混合。定期翻动，土壤将在一年后准备好，但仍会增加一层通用无泥炭堆肥土。

迷你土豆种植床

土豆几乎不占用任何空间，可以在由旧堆肥袋或坚固的垃圾袋制成的小种植床上种植。在春天，将袋子的侧面滚动到其高度的1/3左右。在袋子底部添加一层通用无泥炭堆肥土，深度为10cm。

将两个种薯放在土上，并覆盖另外10cm的土。几周后，当新的马铃薯芽开始出现时，将袋子卷到一半，并加上更多的土。继续加土并在芽出现时卷起袋子，直到袋子里装满土。当植物开花完毕时收割土豆。

从左起顺时针方向：种植床是用废旧木材制作而成的，自己很容易操作，外观看起来很有吸引力，很自然。

测量马铃薯的容器尺寸和块茎间距，以找到最佳组合。

草本植物在大多数种植床上都能茁壮成长，因为它们享受自由排水的条件。

在花盆里收获蔬菜

大多数蔬菜都可以在容器里种植，尽管它们的产量可能不如在地里种植的，但你仍然可以期待有可观的收成。在花盆中种植的一个优点是易于维护，因为很少需要除草。此外，花盆可以随着太阳四处移动。

大多数容器都是合适的, 只要确保一年四季都在种植蔬菜, 它们是耐寒的, 并且有排水孔。容器中的蔬菜获得水分和营养的渠道有限, 因此容器的深度至少应达到30cm, 以避免它们过快干燥。

大多数植物都喜欢充足的阳光, 但也有少数植物会喜欢半阴环境, 比如生菜、甜菜根、蚕豆、羽衣甘蓝、卷心菜和其他沙拉叶菜。

播种种植
大多数蔬菜都是一年生的, 所以你需要在每年年初播种——少量而多次地播种是一年中大部分时间都有蔬菜持续供应的关键。通过精心计划, 可以连续播种(每隔几周播种一次作物), 以便在同一季节持续收获, 仅相隔几周。这种技术将保持稳定、可管理的流程。

如果你可以从花园中获得土壤, 则可以将其与腐熟的花园堆肥以 1 : 1 的比例混合。或者可以使用基于土壤的容器堆肥, 或者通用无泥炭堆肥土。

花盆蔬菜

如果给予足够的营养和水分，几乎任何蔬菜都可以在容器中种植，但像胡萝卜和欧洲萝卜这样的根茎作物需要足够深，才能长得足够长。

然而，有些圆形或球形的胡萝卜非常适合在较浅的花盆中尝试。需要较厚土壤的植物，如甘蓝(芸薹属)——球芽甘蓝、羽衣甘蓝和花椰菜——需要足够的养分和空间才能茁壮成长。

尝试种植：
甜菜根
胡萝卜
蚕豆
西红柿(番茄)
豌豆
芝麻菜
生菜
其他沙拉叶菜

浇灌和施肥

在温暖干燥的天气里，蔬菜植物往往需要每天浇水。容器中的蔬菜在生长过程中需要每周施一次液体肥料。富含钾的液体肥料如番茄肥料，是理想的。

从左起顺时针方向：将汽车轮胎用作花盆的替代品，可以使土壤保持良好而且温暖。
当使用容器种植胡萝卜时，要确保容器有足够的深度来容纳根部。
把绿叶蔬菜或沙拉叶菜种植在便携槽里，方便极了。
大多数蔬菜几乎可以在任何类型的容器中种植，包括一双旧靴子。

垂直种植蔬菜

许多蔬菜都有攀爬、争抢或拖曳的习性，所以如果在地面上没有足够的空间，你可以尝试向上或向下拓展空间种植作物。这不仅是空间最大化的好方法，而且这些蔬菜本身也具有美丽的直立特征，你可以欣赏其五颜六色的花朵。其他好处是可以在一个舒适的高度进行采摘。

合适的攀缘植物包括：红花菜豆、四季豆、户外黄瓜、番茄和拇指西瓜。所有这些植物都需要充足的阳光，要在霜冻风险过去之后才能在室外种植。

棚屋

垂直种植较简单的方法之一是打造一个自制的棚屋形状的结构。棚屋很容易建造，而且在种植蔬菜方面很实用，也是花园的一个焦点。只需将12根2.5m长的榛藤或竹子插入地下，围成1m的圈，然后在顶部将它们拉在一起，用麻绳扎牢。在每个垂直结构的底部可以种植1~2个攀缘植物，再进行培育。

托盘墙

垂直种植较简单、较便宜的方法之一是使用托盘。将托盘翻转到其侧面，并将景观织物钉到它的背面，或用螺丝连接一块带螺钉的船用层板。将一个托盘固定在栅栏或墙壁两侧的柱子上。

另一个托盘可以放在这个上面，如果把它固定在两个坚固的垂直柱子上，高度可以增加一倍。或者，托盘可以用螺丝固定在墙上或栅栏上。

移除托盘前面1/3的板条，只保留靠近中间的一对板条和靠近底部的一对板条。使用一些拆除的板条，使托盘内的两个架子，一个在底部，一个在半空中。架子上装满无泥炭堆肥土。种植蔓生的葫芦科植物，如南瓜、西葫芦等，每株之间间隔约40cm(每行2~3株)。它们的生长路径是向下的，也可以向上攀爬越过围栏，甚至爬到树上或树篱上。

独立的立式容器

如果你没有任何墙壁或围栏来让这些向上生长的植物攀爬，可以从地面建造独立的可堆叠容器。可以利用它们将花园分隔成不同部分，形成别具风格的屏风。

右图：甜豌豆和菜豆是典型的在棚屋里生长的植物——它们都高产且具有观赏性。

下图：托盘很容易找到，并且可以改成具有有效种植功能的立式花园结构。

购买立式培育系统

可以购买壁挂式种植模块，并固定在栅栏和墙壁上。有些有内部的口袋或洞，可以偶尔装满水，减少浇水的需要。口袋里装满堆肥，几乎任何蔬菜都可以在里面种植。

蔬菜精选

在家种植蔬菜是一种有益的消遣，有数百种蔬菜可供选择。你可以选择不占太多空间的蔬菜，当然，也可以选择你喜欢的口味。此外，你可以选择商店里不容易买到或价格昂贵的蔬菜。

洋葱

洋葱可以从种子开始种植，但较简单的方法是用小洋葱进行栽种。春天在阳光充足、排水良好的土壤中种植。经常浇水，到季节结束时，它们就会长成一个大洋葱。

蚕豆

它是豆类家族中最顽强的成员之一，通常是春天第一批发芽的蔬菜。它们可以在秋天、冬天或春天播种，产出美味的豆荚，里面充满了健康的豆类，非常适合做砂锅菜、意大利面和炒菜。

胡萝卜

胡萝卜更喜欢光照、排水良好的土壤，通常在春夏两季每隔几周就播种一次，以保证定期供应。当秧苗长到5cm高时，进行间苗，每5cm留一株苗，以确保剩下的秧苗更大。

甜菜根

甜菜根比较耐阴，是在容器中种植植物的好选择。直接在浅浅的表面播种，几周后进行疏苗，让其他的苗长大。每隔几周定期播种，以获得持续充足的供应。

甜玉米

霜冻风险过去后，在室外种植甜玉米；可以在室内早点开始培育，给它们一个良好的开端。网格状种植，而不是单行种植，因为它们靠风传粉。

南瓜

各种形状和大小的南瓜，霜冻过后就可以在室外种植了。它们喜欢肥沃的土壤，所以要加很多堆肥。也有一些园丁甚至在堆肥堆上种南瓜。

桌面上的花园

顾名思义，桌面园艺就是在桌子上种植植物，通常是蔬菜。这种方式的优点是，植物的高度都让人感到很舒适，适合种植和收割，非常适合我们这些背部不好的人。合适的桌子可以是在家里从零开始制作的，也可以用现有的桌子改造而成。

桌面园艺类似于在种植床上种植蔬菜，具有相同的好处，例如避免弯腰，因为植物处于舒适的高度，并且如果花园土壤贫瘠或没有土壤，能够添加合适的堆肥。

不同之处在于，种植床通常没有底部，而是直接放置在土壤上，而桌面则悬挂在露台等坚硬表面上。这意味着桌子可以在花园里轻松移动。事实上，有些被放置在轮子或脚轮上，以便它们可以被推到合适的位置。

堆肥
种植区域和地面之间有空间，桌面通常比种植床需要更少的堆肥。这使得它们适合种浅根蔬

自己动手制作

或者，拿一张古老而坚固的花园桌子，用15cm宽的木板将侧面固定。在桌面上钻几个排水孔。只需在桌面上填充通用无泥炭堆肥土，然后开始播种。将脚轮连接到腿上，以便轻松移动。

菜，如生菜，芝麻菜和其他沙拉叶菜。萝卜、甜菜根、胡萝卜和草莓也很适合。

从早春到夏末，每隔几周播种一次，可以进行简单的条播，深约1cm，覆盖通用无泥炭堆肥土，并定期收割。把桌面放在后门附近，你就可以随时出去摘菜了。

托盘桌面

打造自己的桌面园艺较简单的方法就是用托盘。在桌子的两侧放上两个托盘，在桌子的两端做成桌腿或支撑物。把第三个托盘放在另外两个托盘的上面来制作桌面。这有助于将顶部托盘倒置，因此大部分板条都在下面，面向地面。这将更好地支撑其上方的堆肥，并使种植面积更大。在顶部托盘的下方排列旧堆肥袋，以防止堆肥从板条中掉落。将托盘拧在一起以固定。

将堆肥推到板条之间，然后在托盘中种植或播种。板条的优点是，它们可以防止杂草在行间野蛮生长。

对页左图：定制的桌面花盆可以从大多数花园中心购买，是非常实用的。

对页右图：用旧木材很容易拼凑出一个桌面花盆。

上图：旧的梳妆台和其他家具可以用作桌面花盆，对在户外使用的木材进行处理，使其使用时间更长。

在桌子上种一根葡萄藤

在后花园的葡萄藤下用餐，营造一种地中海风情。在炎热的天气里，坐在葡萄藤下可以乘凉，结出的葡萄也足够你自制几瓶葡萄酒。葡萄藤需要两到三年的时间才能完全爬上阳伞，但一旦长成，它就会成为露台上一道美丽的风景线。

你需要

木制花园桌
×1

旧阳伞和底座
×1

户外葡萄藤，如"夏敦埃酒"或"巴克斯"
×1

小型手持线锯
×1

铁锹
×1

修枝剪
×1

花园线

通用无泥炭堆肥土

  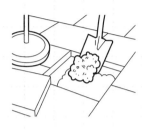

❶ 用小型手持线锯在木制花园桌中间锯一个10cm宽的洞。将桌子放置在你想要使用的位置，一旦放置好，葡萄藤就很难移动，因为葡萄藤会在上面生长。

❷ 把旧阳伞上的伞布揭下来。旧阳伞的框架将成为葡萄藤的培育支架。把底座放在桌子洞口的正下方。把旧阳伞穿过桌子插进底座。

❸ 用铁锹从底座旁边移除一块露台板，移走所有碎砖和碎石，然后在30cm深的地方添加通用无泥炭堆肥土。将户外葡萄藤种在堆肥中，在给根部浇水前将其固定好。

❹ 用修枝剪剪去所有侧面的嫩枝，但保留顶部(最高或居上的嫩枝)不修剪。用花园线把上面的枝条系在旧阳伞上。每年继续培育顶部枝条，直到它到达旧阳伞的伞盖。

❺ 当葡萄藤长到伞架顶部时，让一些侧枝生长，长成旧阳伞的形状。每年将新枝剪短，剩两个芽，保留原有的侧芽以保留框架。

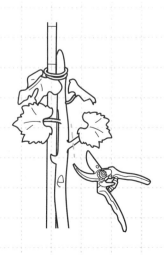 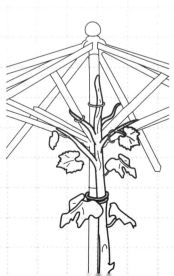 

在秋天一串串美味的葡萄就可以收获了，可以榨成自制葡萄酒或葡萄汁。

24

在花园周围培育散发香气的攀缘植物

花园里长满了芳香的攀缘植物，香气扑鼻。如果空间不足，可以在墙壁、栅栏甚至房子外面种植，非常容易。这意味着当你在享受户外时光时，会被满墙的鲜花包围，芬芳萦绕。

有很多有香味的攀缘植物可供选择，如果仔细挑选，一年四季花园中都充满香气。

玫瑰垂饰

玫瑰可能是最受欢迎的芳香攀缘植物，它们通常是在"悬垂架"上生长的，这是利用一长串粗绳子将一个直立结构绑到另一个直立结构上制成的。它们在花园中是美丽的焦点，当玫瑰的叶子在夏天长出来时，形成一道天然的屏风，如果没有墙壁或围栏，是一个分隔空间的好方法。

培育方式

有些植物有卷须，因此可以自我依附，不需要任何支撑，但要小心它们会损坏砖砌，因为它们会侵蚀砖之间的勾缝。其他攀缘植物需要一个支架来攀爬，每年都需要捆绑。如果不确定，购买前检查植物标签。

花棚 —— 花棚可以连接到栅栏或墙壁上，也可以是一个完整的直立结构。它对分割花园的小块区域很有用。有攀缘植物的花棚可以用来隐藏垃圾箱之类的物品，植物的香气就像在附近有天然的空气清新剂。

拱门 —— 培育攀缘植物的好方法，当你走在拱门下时，香气会飘下来。

门廊和棚屋 —— 如果你家有门廊，可以在这里种植玫瑰，枝蔓爬到上面，形成一道美丽的风景，每次回家都会驻足欣赏。它不仅看起来很好，闻起来也很香。棚屋也是培育攀缘植物的有用结构，有香气的攀缘植物远比毛毡屋顶更有吸引力。当你在里面工作的时候，会不断传来令人愉悦的香气。

对页上图：玫瑰是典型的小屋花园植物，夏天漫步在有拱门、花棚的地方时，都会闻到花香，是一个美丽芬芳的特色。

对页右图：这种常绿的日本金银花(忍冬)在开花后会保持闪亮的叶子，全年覆盖。

甜豌豆

一个快速又经济的选择是，早春播种甜豌豆，晚春收获。用一个由竹子制成的拱门、花棚或棚屋培育它们。整个夏天都会开花，芬芳的香气使花园的元素更加丰富。

芳香攀缘植物精选

有许多有香气的攀缘植物可以用来给花园增添香味。大多数是落叶或常绿多年生植物，但也有一些芳香的一年生植物。

川木通

小木通（*Clematis armandii*）

这是一种很好的攀缘植物，适合在阴凉处或阳光下生长，初春时白色的花朵散发甜美的香气。这种植物起源于中国，拥有迷人的、厚厚的常绿叶子，所以一年四季都可以提供一个私密的屏幕。

英国攀缘玫瑰

蔷薇"格特鲁德·杰基尔"（*Rosa* 'Heavenly Blue'）

以爱德华时期著名的工艺美术花园设计师的名字命名，这种短小的攀缘玫瑰有一种令人陶醉的花香。这种植物在夏天的大部分时间里都开着亮粉色的重瓣花。

星芒茉莉花

络石 （*Trachelospermum jasminoides*）

它非常适合种植在阳光充足的遮蔽墙边，它还具有一定的耐阴特性，这种常绿的木本攀缘植物在夏天会开出大量的星形白色花朵。星芒茉莉花生长得很快，但是在较冷的地区，它的生长速度较慢。

五叶木通

木通（*Akebia quinata*）

一种罕见的常绿攀缘植物，夏季开杯状红紫色花，有巧克力香草香味。在温暖的地区，它在冬天还会有叶子，但在寒冷的地区，它会掉落叶子。在温暖的夏天，它产出可食用的香肠形状的果实。

普通茉莉花

素方花（*Jasminum officinale*）

一种美丽的、木本的、常绿的攀缘植物，开白色的花，散发较甜的香气。整个夏天它都在开花，但过于繁茂，所以可以给它一个大的地方。稍微有点娇嫩，所以要把它种植在阳光充足、温暖的墙边，可以起到保护作用。

牵牛花"芬芳的天空"

长筒牵牛（*Ipomoea lindheimeri*）

这种攀缘植物长出漂亮的、浅裂的叶子和淡紫色的、喇叭状的花，香气浓郁。非常适合在阳光充足的花坛里种植。

25

利用植物屏障打造私密空间和庇护场所

像树篱这样的天然屏障在花园中很有用，因为它们为你自己和你的植物提供了一个庇护的场所。它们还可以屏蔽邻居，创造私密空间，同时为鸟类、昆虫和其他小动物提供避风港。

植物屏障的类型

在花园中可以打造许多不同的植物屏障。树篱是创造私密场所和庇护所的理想选择，因为它们可以挡风，为野生动物提供栖息地，也可以提供季节性的趣味，供人欣赏它们的花和果实。花棚或围栏也可以用作屏障，可以为野生动物在上面培育植物，使其更具吸引力。最后，你还可以自己动手打造栅栏(参见第90页)。如果你能找到合适的材料(通常是柳树或榛树枝)，既不用花钱，又可以持续使用好几年，而且看起来很漂亮。

选择什么类型的树篱？

如果你选择一种树篱，考虑一下你是想要常绿的，还是落叶的。前者将提供全年的遮蔽，如果你在花园里花很多的时间，可以选择这种，但你可能会觉得只需要在夏天进行遮蔽，就可以选择后者。落叶篱比常绿篱提供更令人印象深刻的秋天色彩，并且在春天开花结果，五颜六色，非常漂亮。

还有一个折中的选择，就是使用常绿和落叶灌木种植混合树篱。选择沙枣、灰利草、冬青等植物为常绿结构，并穿插落叶山楂、野枫、桂树、黑刺等结果植物，可以增加秋天的趣味性和吸引野生动物。

种植树篱的技巧

· 在种植树篱时要选择幼小的灌木，因为它们生长得更快。

· 裸根树(不是装在容器里的)很便宜，但只在冬季供应。

· 在种植的第一年，在干燥的天气里需要定期浇水，确保提供足够的水，可以渗透到根部。

如何种植

对于一个可以同时作为防风林或隔音屏障的真正密集的植物丛,那么最好以锯齿形平行地种植成两排,一排接一排。这将创建一个密集的屏幕。用两根平行的绳子在相隔30cm处标记出两行树篱。将第一行种植在每株灌木之间,间隔60cm。然后把第二行放在后面,同样间隔60cm,但要从第一行30cm处开始。如果只需要一个简单的植物丛,单排是很好的,例如用于划分花园边界或座位区域。

右图:高而密集的树篱为座位区域创造了一个有吸引力的、有用的和自然的背景。

色彩丰富的选择

有许多色彩鲜艳的柳树枝可以使用，包括黑色、黄色、紫色、青铜色和红色，它们为花园设计增添了活力。

用柳树或榛树枝编织栅栏

编织的栅栏可以把一小块地变成一个华丽的、具有乡村风格的小花园。有各种各样的植物可以用来编织栅栏，但需要足够柔软的茎，才能弯曲，也需要很容易获得。榛树和色彩鲜艳的柳树是最常用的两种植物。

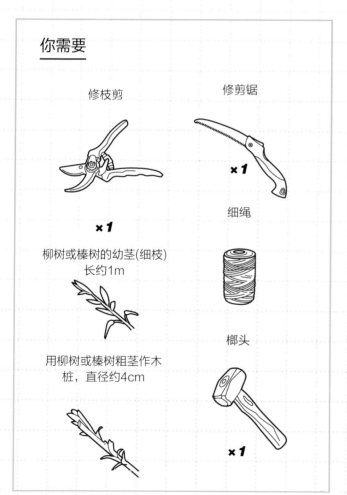

你需要

修枝剪

修剪锯 ×1

×1

柳树或榛树的幼茎(细枝)
长约1m

细绳

用柳树或榛树粗茎作木
桩，直径约4cm

榔头 ×1

❶ 用修枝剪剪去所有侧面的幼茎来清理茎，因为这将使编织栅栏容易得多。你可以保存幼茎进行繁殖/扦插。

❷ 选择一些较粗的茎来创建直立的支撑桩。用修剪锯将它们锯到预期栅栏的高度，留出1/3的高度用于插入地面。

❸ 用细绳标出围栏要穿过的地方。然后用榔头将竖直的木桩插入地面，每根木桩间距30cm。

❹ 从底部的一个角落开始，在木桩之间编织藤条。修剪末端，使每个藤条的末端超过它能到达的最远木桩约2cm。

❺ 继续绕着竖直的木桩编织，从木桩的两边交替进行，因为这样会使结构更坚固。

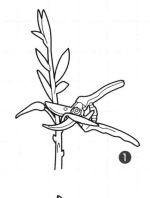

①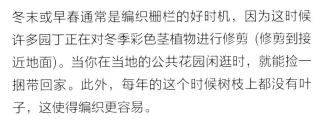

②

③

④

⑤

何时编织

冬末或早春通常是编织栅栏的好时机，因为这时候许多园丁正在对冬季彩色茎植物进行修剪（修剪到接近地面）。当你在当地的公共花园闲逛时，就能捡一捆带回家。此外，每年的这个时候树枝上都没有叶子，这使得编织更容易。

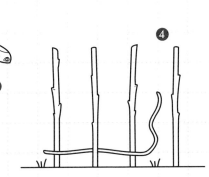

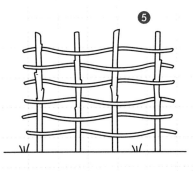

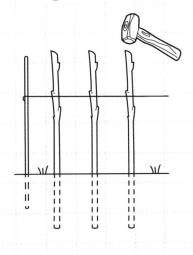

在容器中种植喜阴植物

城市花园环境或那些狭窄、阴暗的空间为喜阴植物提供了理想的环境，可以在容器中种植，将它们放在通往公寓的台阶上、门廊上、露台或阳台上阴凉的小角落里，通过这些植物的点缀，即使是最黑暗的地方也会变得明亮起来。

喜阴植物的一个重要优点是它们不太容易干燥，因为它们接收和需要的阳光很少。这意味着它们也需要更少地浇水和维护。如果你在容器中种植这些植物，还可以在搬家时带着。容器可以放在很小的空间中，如果花园已经铺上了混凝土，或植物无法种植到土壤里，容器则是唯一的选择。

选择你喜欢的风格

在这种情况下，找到好看的容器和植物一样重要，有助于为室外空间定下基调和设计风格。

陶罐是传统的，可以给一个区域带来地中海的感觉。木制容器看起来质朴自然，还可以利用旧物升级再造，如旧的垃圾箱、水桶，甚至装满植物的手推车，都能给空间带来个性。金属容器看起来既时尚又有都市感，而且把它们放在阴凉处，又不会变得过热。

选择一个地方

如果空间可以容纳多个容器，则将它们按奇数分组摆放，如3和5，理想情况下按一定大小排列，最小的放在前面，最大的放在后面。像这样的一簇比一条直线看起来更吸引人，放在角落里或靠在墙等结构上，这样它们看起来就不会杂乱无章。

喜阴植物

叶子——许多适合在容器里种植的喜阴植物都有令人印象深刻的叶子，如玉簪属草本植物、蕨类植物、常春藤、矾根属植物和木大戟(大戟属植物*Euphorbia*)，或者更大一点的，试试日本槭或树蕨。

冬日里的趣味——嚏根草喜光，在冬末遮阴，成为一个迷人的展示。其他传统的林地冬季植物，如雪花莲、仙客来和冬附子，放在花盆里看起来很棒。

夏季花卉种植——可以试试毛地黄、星芹、天竺葵和耧斗菜。

质地方面——直立的叶子、花羽和观赏草的种子头在花盆里看起来很时尚。可以将它们单独种植，也可以将它们与其他提到的植物混合种植。适合生长在阴凉处的草种包括雪冲草(雪草*Luzulu niviea*)、日本森林草(箱根草*Hakonechloa macra*)、薹草(莎草)和阔叶山麦冬(短葶山麦冬*Liriope muscari*)。

现代的元素——可以试试黑墨麦冬(黑沿阶草*Ophiopogon planiscapus* 'Nigrescens')，它喜欢在部分阴影中生长。在堆肥表面放置白色鹅卵石，形成鲜明的对比。

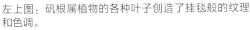

左上图：矾根属植物的各种叶子创造了挂毯般的纹理和色调。
右上图：矾根属植物在花园中阴凉的地方茁壮成长，并在冬末和早春开出玫瑰形状的花。
右中图：毛地黄是两年生植物，可以用来在最小的阴凉花园中创建一个农舍花园的风格。
右下图：黑沿阶草在当代环境和小型城市花园中令人印象深刻。

在容器中种植果树

几乎所有的果树都可以种植在容器中，姿态漂亮而有特点，还可以开花结果。如果你的花园很小，可以选择在容器中种植果树，它们几乎不占用任何空间。

果树几乎可以种植在任何类型的容器中。可以考虑重复利用旧水桶、垃圾箱、机筒或集雨水桶等，可能需要你用电钻在底部钻出一些排水孔。还可以用回收的木头或托盘做一个容器，也非常简单。

你也可以在当地园艺中心购买花盆，用来种植果树，只要确保它是防冻的就可以。在理想情况下，花盆应该是树根球的3倍大。随着树的生长，你需要每隔几年给它换一个更大的花盆。

可以尝试的果树类型

在所有的果树中，苹果树可能是最容易在花盆里种植的，因为它耐寒，而且很容易买到。有数百个品种可供选择，但最好选择一个你在超市里找不到的不同寻常的本地品种。梨树种在花盆里很有吸引力，而且很容易种植。

核果类树木，除了结出美味的果实如樱桃、梅子、西洋李子、桃和杏外，还开着迷人的花。由于它们在早春开花，如果天气寒冷，可以用羊毛织物保护它们的花朵。

三种尝试

❶ 像"棕色火鸡"这样的无花果可以为庭院或露台增添了一抹地中海风情。

❷ 樱桃树在春天盛开，有甜樱桃，也有酸樱桃可供选择。

❸ 天气变冷时，你可以把柠檬树搬到门廊或温室里躲避寒冷。

种植在垃圾桶里的树

苹果树甚至可以种在旧垃圾桶里(见第96页)，只是要小心根部不要过热，如果在炎热、阳光充足的地方，要定期浇水。

在垃圾桶里种一棵苹果树

一个旧垃圾桶是种苹果树的理想容器，因为它很便宜，如果你重复使用旧垃圾桶的话，还可以节省开支。将它放在小花园中很有特色，而且，通过将树根限制在花盆中，也限制了果树的高度，确保了果实在一个很好的高度采摘，而且易于每年的维护和修剪。

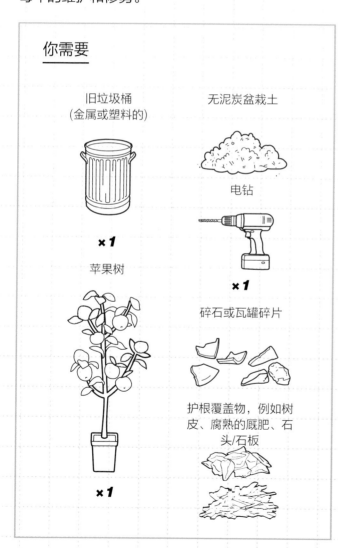

你需要

旧垃圾桶
（金属或塑料的）

×1

苹果树

×1

无泥炭盆栽土

电钻

×1

碎石或瓦罐碎片

护根覆盖物，例如树皮、腐熟的厩肥、石头/石板

❶ 当在容器中种植苹果树时，重要的是确保排水良好，以防止根部腐烂。用电钻在旧垃圾桶底部每隔10cm钻一个1cm的洞。

❷ 在排水孔上放置碎石或瓦罐碎片，防止它们被堆肥堵塞，然后用优质的无泥炭盆栽土将旧垃圾桶装满一半。

❸ 将苹果树从原来的容器中取出，梳理一下纠缠在一起的树根，并将树放在新容器中，放在土的上面。

❹ 确保树根球的顶部刚好在容器顶部的下方。一旦满足这个条件，在它周围回填更多的土，直到它与根球的顶部水平，使其牢固。

❺ 用2cm的树皮、腐熟的厩肥或石头/石板覆盖在土上面。这将有助于保持水分和抑制杂草生长。

用容器种植果树的基本维护

每年用修枝剪对苹果树和梨树进行一次修剪。当树处于休眠状态时，例如在冬天，当树叶从树上掉下来的时候进行修剪。李子树、杏树、桃树、樱桃树等核果类树木每年春夏长叶时应修剪一次。这是为了避免疾病。

修剪树木时，去掉大约1/6的树枝，包括交叉的树枝和任何患病及垂死的树枝。

在夏天，果树可能每隔几天就需要浇一次水。

升级再造的容器可以用来种植果树，不仅仅是像这样的苹果树，还可以尝试草莓、黑加仑、蓝莓和杏。

97

28

在吊篮里种植水果

吊篮可以用来种植颜色鲜艳、美味的水果，这是点亮小花园的好方法。如果空间不够，它们可以挂在后门或厨房窗户外面。吊篮不仅在容易采摘的高度，而且还能让诱人的果实远离蛞蝓和蜗牛。

在吊篮中种植的最佳水果类型是那些有蔓生习性的水果，如草莓、蔓越莓和番茄。在吊篮里种植可以节省宝贵的空间。

草莓和番茄

红色多汁的草莓和番茄从吊篮上悬垂下来，看起来很漂亮，吃起来也很美味。几株草莓就会将一个篮子种满。一株种在中间，四株在四周，等间距种。最好的土壤是无泥炭盆栽土。

可以尝试一些不同的东西，尝试种植开粉红色花的草莓，比如"粉红熊猫"，那么你会在春天看到五彩缤纷的花朵，在这个季节晚些时候吃到美味的草莓。

番茄也适合挂在篮子里,只要一株番茄苗就能让人印象深刻,获得大丰收。选择有蔓生习性的品种,比如"翻滚汤姆雷德"。

蔓越莓和越橘

在深秋和冬季,蔓越莓结出带酸味的红色浆果,用它们来制作蔓越莓酱,在圣诞晚餐上享用,会给家人和朋友留下深刻的印象。它们需要酸性土壤,所以应该种植在无泥炭的石南科堆肥中,这可以在花园中心买到。或者,你也可以把自制的堆肥和腐烂的松针按50:50的比例混合。蔓越莓喜欢稍微潮湿的环境,所以在吊篮底部放一个有几个孔的可再生塑料袋,防止水停滞。记得定期浇水,保持水分充足。

如果你想种植一些更不寻常的、在超市里很难买到的东西,那就试试鲜红色的越橘吧,吃起来是很酸的。它与蔓越莓的生长需求相似。

对页左图:将吊篮或雨水槽放置在阳光充足或有局部光照的地方,但要避风,这样它们就不会摇晃得太厉害。

对页右图:草莓在初夏几乎每天都需要浇水,以确保草莓多汁成熟。

左图:在夏季,每周给番茄植株施一次番茄肥料,每隔几天就给番茄浇水,这样就能收获丰腴成熟的果实。

右图:蔓越莓应该用雨水浇灌,而不是自来水,以免改变它们的酸性土壤。

利用悬挂的雨水槽种植草莓

在塑料雨水槽中种植草莓是一个实用的节省空间的解决方案，可以在家里种植美味的水果。如果你没有合适的土壤或太多的空间，这是一个有效的技术，因为雨水槽可以悬挂在栅栏或门廊上。小心地将雨水槽放置在一个舒适的高度，将确保很容易采摘水果，并保持它没有杂草。使用更深的雨水槽将有助于确保根部有足够的空间，并在夏天保持湿润。

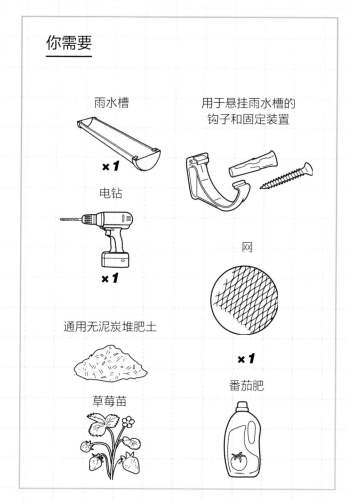

你需要

雨水槽

×1

用于悬挂雨水槽的钩子和固定装置

电钻

×1

网

×1

通用无泥炭堆肥土

草莓苗

番茄肥

❶ 取一段标准家用塑料雨水槽，沿着它的底部以大约每隔10cm钻一个小排水孔。

❷ 用通用无泥炭堆肥土填满雨水槽的顶部，并在堆肥土中每20cm放置一株草莓苗。

❸ 把雨水槽放在桌子上或悬挂在两把椅子、原木或任何你能找到的物体之间。可能需要在雨水槽两侧各放两块砖，来固定雨水槽，以防止它翻滚。或者把雨水槽悬挂在凉棚上，或者用钩子和固定装置把它固定在栅栏上。将雨水槽放置在非常小的斜坡上，使一端略低于另一端，可以改善排水。

❹ 在果实开始成熟的时候，在上面盖上一张网，防止鸟儿啄食果实，夏天每天都给植物浇水。每周施一次番茄肥。

培育蔓生枝叶

用修枝剪把草莓植株上垂下来的散乱的枝干剪掉，然后种到堆肥土中。第二年，种植到雨水槽中，又会结出美味的果实。

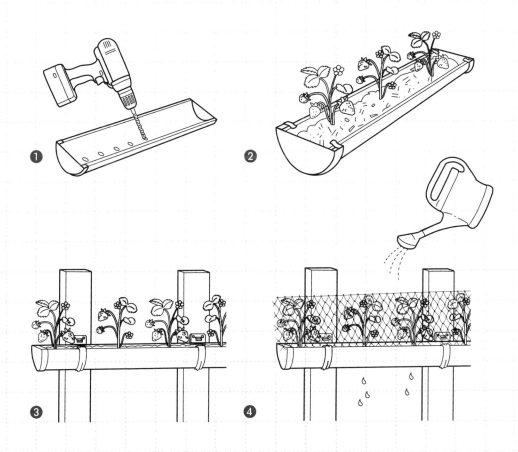

❶

❷

❸

❹

29

在窗台上种一些可以不断收获的蔬菜

种植各种沙拉叶菜很容易，还可以不断收获，而且这些叶菜只占很小的空间，非常适合在窗台盆里种植。种植叶菜最大的好处是，可以在较长一段时间内连续收获幼嫩的叶子，而不是在季末一次大量收获。

沙拉叶菜可以在需要的时候用剪刀或小刀剪掉部分叶子，让剩下的叶子发芽生长，过几天就会长大，为再次收割做好准备。重要的是，在切割时，要留出大约2cm的植株，这样它就可以再次抽芽。

播种什么

有许多不同类型的叶菜可供选择。你可以买预先混合好的种子包，也可以选择你自己最喜欢的种子混合在一起，或者单独播种选定的叶菜。适合播种的品种包括：

甜菜根、菊苣、香菜、欧洲菊苣、水芹、西芹、生菜、水菜、芥菜、小白菜、欧芹、马齿苋、紫叶菊苣、芝麻菜、酢浆草、菠菜。

如何播种

春天，在窗台盆里装满无泥炭堆肥土，靠近内线进行条播，深约5mm，每个种子之间间隔1cm，

每行之间间隔12cm。一个标准的窗台盆可以容纳两行。然后用堆肥土轻轻覆盖种子。先给条播沟浇水可以帮助种子固定住，播种后也要给种子浇水。

将窗台盆放置在阳光充足的窗台上，并定期浇水。

注意：如果播种一些东方品种，如小白菜、小松菜和水菜，最好等到夏天开始播种，因为过早播种会导致植物过早开花和结子，然后长出大量叶子。

坚持下去！

每两周播种一小批种子，一直持续到夏末。每次播种可以收割3~4次，直到叶子变枯变老。最后把植物拔出来，添加到堆肥堆里。在窗台盆里装更多的堆肥，然后再播种。

收获即食

要在采摘后的几个小时内吃掉，以达到最佳新鲜度。为了延长它们的保质期，在叶子上轻轻洒水，然后把它们装入袋子，放在冰箱里。

在需要的时候采摘美味、新鲜的沙拉叶菜，确保厨房里有稳定而可控的数量。

对页图和上图：在小的容器里就可以种植出大量美味诱人的叶菜——把它们装起来，定期采摘，以保持产量。

播种奇亚籽

奇亚籽被许多人认为是超级健康的食物之一，可以从食品店和超市买到，可以添加到冰沙中，或者加入水中，做成一杯营养饮料。也可以用于烘焙，放入沙拉、砂锅菜和甜点中，吃的时候会有轻微的嘎吱嘎吱声。西班牙鼠尾草是薄荷家族的一员，在室内或室外都可以种植，非常容易。

室外种植

等到霜冻过去，选择一个阳光充足、土壤排水良好的地方。用耙子耙好土壤，使其松软。在每平方米土壤中加入大约半辆手推车的通用无泥炭堆肥土。把它挖到土壤表面以下几厘米处，然后轻轻撒下奇亚籽，再用耙子耙平。

让植物长出迷人的蓝色花朵，可以吸引野生动物，几周后就可以采集奇亚籽了。一些奇亚籽用来食用，剩下的留到明年，再用来播种。

你需要

耙子（室外种植）

×1

种盘（室内种植）

×1

通用无泥炭堆肥土

浇水壶

×1

奇亚籽

×1 包

用来储存种子的纸袋或罐子

室内种植

奇亚籽一年四季都可以在室内阳光充足的窗台上种植。在种盘里装满通用无泥炭堆肥土,加水使其略潮湿,然后在该区域轻轻撒上奇亚籽。

大约两周后,种子开始发芽。鲜嫩的叶子可以代替菠菜叶,用于沙拉中。另外,还可以用干燥或新鲜的叶子制成茶,对身体有益。

收获种子

等到花开完,叶子会逐渐变成棕色。把它们放在纸袋里,晾干几天。然后把花头上的种子摇下来,储存在罐子里备用。

在哪儿购买

在大型超市或健康食品店都可以买到奇亚籽。另外,也可以在网上或园艺中心购买。

30

打造室内丛林风格

在室内设计中，用郁郁葱葱的热带植物营造丛林氛围已经成了一种时尚。房间里种满绿叶植物和色彩鲜艳的花，可以满足你冒险的欲望，让你感觉仿佛置身于遥远的热带地区。

在舒适的家中感受异国风情非常容易。然而，在户外花园里，只能种植坚韧顽强的植物，可以抵御寒冷的天气；在室内则没有这样的限制。几乎任何生长在热带丛林中的植物都可以在有暖气的房子或公寓里种植。

叶子形成对比

打造丛林风格的关键在于植物的叶子。诀窍是让人感觉完全沉浸在植物中。在靠墙的位置摆放各种绿植，让从地板到天花板的整个空间充满活力。

用竹子状植物的直立茎与大叶植物(如奶酪植物)形成对比，就好像它们在野外争夺位置一样。在树叶间种植一些攀缘植物，如三角梅或球兰，穿过叶子，促使它们相互攀缘。

选择有蔓生习性的植物，如吊兰或红桃串，从高架子上向下悬挂。也可以考虑在绿叶中穿插一些铁兰。它不需要土壤或堆肥，但需要每隔几天浇水，以保持它的活力。

一旦观叶植物就位，你可以尝试在它们前面布置一些开花植物，比如令人印象深刻的极乐鸟、兰花或凤梨。

正确地浇水

室外生长的植物死亡的主要原因是缺水，而室内生长的植物恰恰相反：过度浇水会导致大部分植物死亡。经常阅读植物标签，检查要求。室内种植的容器应该放在碟子里，以吸收多余的水分，偶尔也可以把碟子装满水，从底部给植物浇水。一些叶类植物如铁兰，喜欢在它们的叶子上喷水，许多丛林植物都应该通过碟子从下面浇水。

室内绿植精选

可以在你最喜欢的房间里打造丛林主题，有数百种亮眼而华丽的室内绿植供你选择。挑选那些醒目的大叶植物，或者色彩亮丽的花，让你感觉自己好像置身于异国他乡。目的是尽可能地用绿植填充你的室内空间，来获得满满的丛林感。

观音莲

黑叶芋（*Alocasia × amazonica*）

这种枝繁叶茂的植物会增添你房间的丛林感。它有大而光滑的叶子，上面有壮观的银色纹理，可以长到1m高。它喜欢斑驳的阴影或过滤的光线，需要定期施肥，喜欢营养丰富、排水良好的土壤。

瑞士奶酪草

龟背竹（*Monstera deliciosa*）

这种植物能长出巨大而有光泽的叶子，也是一种很好的空气净化器。树叶一开始是心形的，但随着年龄的增长，就会出现标志性的孔洞。在野外，这些植物是攀缘植物，最高可达20m，但即使在家里，它们也能长到2m以上。

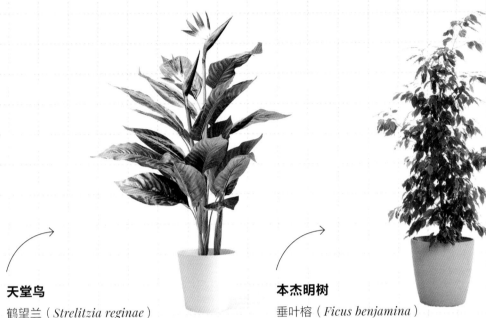

天堂鸟

鹤望兰（*Strelitzia reginae*）

它可能是最易识别的室内开花植物之一，因为它独特的蓝色和橙色花朵，形状像热带鸟。它有迷人的茂密树叶，生长迅速，最终将达到1.8m。它喜欢阳光充足的环境，需要定期浇水。

本杰明树

垂叶榕（*Ficus benjamina*）

一种有绿色或杂色叶子的植物，叶子有光泽感，很有吸引力。它可以长到1.8m，如果摆放位置不当，附近有穿堂风，可能会导致叶子掉落。它喜欢间接的光线和潮湿的环境，所以要远离暖气，否则会太干燥。

肯蒂亚棕榈

平叶棕（*Howea forsteriana*）

没有棕榈的丛林主题房间是不完整的。肯蒂亚棕榈的叶子呈深绿色，有光泽，呈拱形。它生长缓慢，可长到1.2m，维护成本低，这意味着它可以在被忽视的情况下生长良好。它喜欢明亮的环境，但不要阳光直射。每隔几周浇一次水即可。

心叶藤

心叶蔓绿绒（*Scandens Philodendron* 'Micans'）

这是一种易于生长的室内植物，有心形的叶子，幼小时是粉红色的。它是一种天然攀缘植物，可以长到1.2m，如果让它在其他植物中攀爬，可以为丛林主题增添色彩，但也可以把它放在高架子上，让它向下攀爬。

31

打造垂直绿墙或屏风

把房间分隔成不同的区域可以创造一个舒适的角落，提供私密空间。利用屏风打造的区域可以用于工作/创意空间，远离日常生活。这样做的优点是可以利用垂直绿墙种植更多漂亮的植物，给空间中增添更多的绿色。

打造一个房间隔板或屏风是很便宜的，你可以自己动手做。活墙、隔板和屏风可以是临时的，安上轮子还可以自由移动。

精挑细选的私密空间

相对于永久的墙壁结构，屏风的好处是，可以提供一些独处空间，而不会完全与其他家庭成员分离。如果你有孩子要照看，或者你不想错过与屏风一边室友的谈话，这是完美的选择。

屏风可以用来隐藏杂乱的东西和文件。最好是打造两个空白屏风，在它们的背面、正面和上面都可以种植植物。

- -

上图：用垂直绿墙将室外景色带入室内，这在城市环境中增添自然的色彩，非常引人注目。

苔藓艺术品

如果想要一些真正低维护的东西，可以将苔藓板挂在隔板上。它们是用苔藓(蕨类植物和其他绿色植物)做成的镜框，像画一样悬挂着。虽然严格来说不是"活的"植物，但它们为室内增添了一丝宁静和绿色。它们不需要浇水，似乎也不会积灰尘。

购买或制作

屏风有两种选择。首先，可以购买隔板，然后将植物和架子固定在隔板上。如果你对自己亲自动手的能力不满意，或者时间不多，这个方法很有用。

其次，你可以用3块海船木夹板自己做。用铰链把它们固定在一起，这样就可以把它们放在地板上，保持直立和坚固。用防水涂料粉刷，以配合周围的装饰。

添加植物

固定支架或架子，以放置植物。也可以使用悬挂支架支撑。另外，还可以买帆布或牛津布做的轻便植物口袋，这样可以很容易地将其固定在屏风上。

选择蔓生的和攀爬的室内植物来覆盖屏风，也可以使用兰花和凤梨这些色彩鲜艳的花朵，增添异域风情。

如何浇水

经常检查植物的光照和水分需求。在理想情况下，选择最不需要浇水的植物。如果你打算定期浇水，可以在地板上铺临时的椰子纤维垫子，以吸收容器中流出的多余水分。

或者，浇水时在隔板下面的地板上放一个托盘，用来接住滴水。

32

用扦插法打造室内"空中花园"

许多植物都很容易用扦插法繁殖。值得一试。只要把它们从植物上剪下来，然后放进罐子里就可以了。然后把装满水的罐子挂在房子四周的钩子和架子上，打造一个属于你自己的"空中花园"。

在天花板上悬挂一个罐子不仅可以节省架子和窗台上的空间，而且在一个空荡荡的空间中悬挂一些绿色植物，可以给人留下深刻的印象。从植物上剪下一截再容易不过了——大多数植物都可以扦插繁殖。剪枝扦插就是它们繁殖的方法，剪掉多余的枝，可以帮助植物摆脱困境，同时也为你自己提供新的植物。

如何剪枝

用修枝剪或剪刀从现有植株(母株)上剪下一株健康的嫩苗。茎的长度应该是5~20cm，这取决于原植物的大小。在茎的底部剪下一个芽，刺激植株生根。把最下面的叶子剪掉2/3，把这部分插进装满水的罐子里。植物需要几周的时间长出新的根，为你带来一棵全新的植物。

5种可以尝试

❶ 蔓绿绒

❷ 紫露草

❸ 彩叶草

❹ 石柑属植物

❺ 合果芋

❶

❷

使用什么

大多数塑料瓶或玻璃瓶和罐子都可以, 只要有足够的水容纳大约2/3的茎干就行。这是回收利用旧葡萄酒、啤酒瓶或剩余咖啡杯的好方法。然而, 如果容器是透明的, 就更容易看到植物是否在生根。

将园艺麻绳牢牢地绑在罐子和瓶子上, 确保它们的底部有支撑, 然后把它们挂在房子四周的钩子上。每隔几天就换一次水, 因为旧的液体会逐渐变成棕色, 有点儿污浊。一旦它们生根, 将新培育的植物小心地移植到有排水孔的花盆中, 并放入盆栽土。或者, 还可以做一个苔藓球来丰富你的"空中花园"(见第114页)。

左图: 黄金葛(绿萝*Epipremnum aureum*)有迷人的叶子, 很容易扦插。

制作苔藓球

这种简易的悬挂植物的技术起源于日本。"苔玉"
（Kokedama）的直译是"苔藓球"。这是一种将
室内植物融入生活空间的好方法，而且不会占用太
多空间。将它们悬挂在天花板上、窗帘轨道上或挂
在墙壁的钩子上，给房间增添一分绿意，也是一种
生动的建筑设计特色，令人印象深刻。

❶ 将等量的盆栽土和多用途无
泥炭堆肥土放入搅拌碗中混
合。慢慢地加水使肥土变得
黏稠，然后把它捏成一个大
约有半个足球大小的球。

你需要

盆栽土　　　　　多用途无泥炭堆肥土

苔藓　　　　　　搅拌碗

×1　　　　　　×1

园艺麻绳和剪刀

喜阴的多年生植物，
如芦笋蕨或蝴蝶兰

×1

寻找苔藓

用来固定苔藓球的苔藓可
以在网上和专业商店购
买。或者，如果你知道谁
家的草坪长满了苔藓，可
以用弹簧耙刮一些苔藓来
用，然后和球捆在一起。

❷ 把你挑选的喜阴的多年生植物从花盆里拿出来，轻轻地梳理一下根部，去除一些多余的土。

❸ 把肥土球分成两半，或者在球上打个洞。把植物的根小心地插入缝隙中，然后把它塑成一个球的形状。

❹ 把苔藓铺在桌子上，把球放在上面。用苔藓把球包起来，确保植物的叶子从顶部或侧面露出来。

❺ 用剪刀剪一段园艺麻绳，将苔藓固定住。将它挂在室内某个地方，避免阳光直射，因为苔藓球很快就会变干。定期用喷水器浇水，以保持苔藓和植物的湿润。

33

用一年生花卉装点花园

在园艺界，没有什么比播一年生花卉种子更快捷更方便的了。你只需要花几包种子的钱，就可以用这些美丽的花朵填满整个花园。一年生花卉为一个季节提供了绚丽的色彩。不仅你会喜欢，野生动物也会从花朵和种球中受益。

一年生植物，顾名思义，寿命不超过一年。它们通常在春天(有时是秋天)播种，然后生长、开花、结果和凋谢都在几个月的时间里完成。大多数蔬菜是一年生的，但也会开出美丽的花，值得一试。

播种耐寒的一年生植物的主要优势是收获很快。一年生植物会在一个季节内生长、开花、结果和凋谢，因为时间有限，它们需要快速生长。一年生植物的花朵往往是最鲜艳的，以便在它们的有效时间内吸引传粉者。

上图：搭配种植各种一年生花卉，仿佛万花筒一般。
对页图：把甜豌豆种在卫生纸卷里，然后直接种在土壤里，最后纸板会分解。

选择要种植的花

耐寒的一年生种子,可以开出美丽花朵的植物包括:

金盏花(*Calendula officinalis*)、秋英(*cosmos bipinnatus*)、沼沫花(*Limnanthes douglasii*)、甜豌豆(*Lathyrus odoratus*)、向日葵(*Helianthus annuus*)、旱金莲(*Tropaeolum majus*)。

如果你在网上浏览种子,会发现还有很多其他的种子可供选择。它们通常有缩写"HA",代表耐寒一年生植物。在网上购买种子的好处是种子包装很轻,所以邮费很便宜。

如何播种

早春至仲春播种。轻轻翻翻土壤,除掉杂草。用耙子将土耙平,然后根据种子包上的播种步骤轻轻地撒上种子——通常是每平方米一小把。用耙子轻轻地在种子上面覆盖薄薄的一层土。在接下来的几个星期里,在干旱的时候给它们浇水,过不了多久,你就能享受自己美丽的花园了。

采集种子

可以在年底采集种子,以备来年使用。把信封放在干燥、阴暗的地方,比如抽屉里,然后来年播种。有些种子可能每年都不完全相同,但看到它们生长的变化是令人兴奋的。谁知道呢,你甚至可以用幼苗创造出一个新的了不起的品种!

甜豌豆花盆

由于甜豌豆是攀缘植物,在花盆中单独播种,然后将它们摆放在棚屋中(见第76页)。

打造一个向日葵园

向日葵有各种鲜艳的颜色，包括青铜色、黄色、橙色、红色和棕色。向日葵是一年生植物，是容易种植的耐寒植物之一。一些较高的品种可以达到4.5m的惊人高度。为了找一点乐趣，和你家里的其他植物比赛，看谁能长得最高。

你需要

9cm 的花盆

种植标签

通用无泥炭堆肥土

竹条，用于钉桩

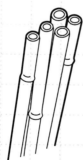

葵花子(高大品种，即"猛犸象"，或多头分枝型，即"丝绒女王")

❶ 春天，在9cm的花盆里装满通用无泥炭堆肥土。在每个花盆中播种一颗种子，深度为1.5cm，并用种植标签清楚地标记植株。

❷ 把播种好的花盆放在阳光充足的窗台上，并保持充足的水分。当向日葵长到大约8cm高时，就可以在室外种植了。

❸ 在将要播种向日葵的土壤上轻轻挖一遍。向每平方米土壤中添加一桶堆肥，以帮助植物生长。间隔45cm。

❹ 如果是高大品种，则需要用结实的竹条支撑，以防止它们在风中折断。在植物生长过程中，遇到干燥的天气，坚持给它们浇水。

❺ 向日葵开花后，不要立即剪掉花头，而是把它留给鸟儿们享用。剩下的种子可以留到明年继续使用。

多头向日葵比单头向日葵短，但能开出大量的花，可以剪下来插入花瓶。新的花朵将持续开放，直到夏末。

用剩余的种子或果核种植水果

吃完从超市买的水果剩下的果核可以用来种植果树，这是一种简单而廉价的种植方法。将果核或种子种到土里，保证充足的光照，并定期浇水和施肥，它们就会长成树木。

每一个苹果核都可能长成树。果核中有植物的种子，如果得到适当的照顾和关注，将会长成一棵完整的树。如果你有耐心并愿意接受挑战，用种子和果核种植果树是一种有趣的方法，可以为自己种植一棵免费的果树。

有一种可能性是，种子会发芽并长成一株成熟的植物，但它可能不会结果。即便如此，如果种植在室外，它仍然是一棵有吸引力的树，为野生动物提供栖息地。也可以种植在容器里，如果你搬家，还方便带走。

果实会是什么样子？

如果幼苗真的结果，它很可能与原来的树不一样。一棵苹果树要结出果实，它的花朵必须由附近开花的另一棵不同品种的苹果树授粉。所以新树上的苹果，就像孩子和父母一样，会结合两棵树的一些特征。然而，令人兴奋的是，新品种就是这样被创造出来的。许多以"用种子栽培的苹果"和"幼苗"这样的词结尾的苹果树(可能最受欢迎的是考克斯黄苹果和布兰累苹果幼苗)

只是自然的幼苗碰巧结出了美味的果实。所以，试着自己种植，看看你是否能培育出令人激动的美味新品种。

用种子种植

从苹果核中取出种子，在水中浸泡几个小时。然后把种子种在装满土的小花盆中，放在一个有阳光的窗台上。几周后，就会长出芽尖，这意味着可以直接将它们移植到外面的土壤中或移植到一个更大的容器中。

用果核种植

梨、樱桃、梅子、西洋李子和桃等很多果核水果，都可以用完全相同的方法来种植。

如果你想尝试一些更有异国风情的东西，试着种植杧果或鳄梨，它们的种子壳更大。它们是漂亮的室内植物，甚至可能结出果实——如果你有一个温室，并且愿意等几年的话!

从左起顺时针方向：将鳄梨果核的底部浸泡在水中几周，使其发芽。

试着种一种叶子有光泽的杧果树（*Mangifera indica*）。

苹果籽可以播种到堆肥中，或者先浸泡几天让其发芽。当苹果幼苗长到10~15cm高时，就可以移植到室外了。

用种子种植番茄

收获你自己种的新鲜番茄是非常开心的，刚采摘的
新鲜番茄的味道很诱人。你不用花钱买一袋一袋的
番茄种子，你只需要买一个普通的番茄，把它切
片，然后用里面的种子种植就可以长成大量的植
物，可以在阳光明媚的露台上种植。

你需要

番茄
×**1**

锋利的小刀
×**1**

切菜板
×**1**

浅的容器或有排水孔的种盘
×**1**

通用无泥炭堆肥土

番茄盆或其他容器(9cm)
× 若干

大花盆(15L)
× 若干

❶ 早春的时候，拿出你从超市买来的番茄，在切菜板上用锋利的小刀把它切成3mm厚的薄片。

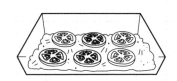

❷ 在一个浅的容器或有排水孔的种盘里装满土，把番茄片铺在上面。把它们分开，使它们之间有2.5cm的距离。

❸ 用1.5cm深的通用无泥炭堆肥土覆盖番茄，然后浇水。把番茄盆放在阳光充足的窗台上，在发芽和开始生长的过程中一直浇水。

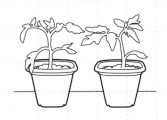

❹ 几周后，幼苗将开始从土壤中冒出来。当它们长到5cm高时，小心地把它们分开，分别栽种在花盆里。

❺ 一旦霜冻的危险过去了，把幼苗移栽到大花盆里，然后放在室外一个有阳光、避风的地方。或者，把它们放在温室或室内靠窗的地方。

利用观叶植物打造绿意盎然的
厨房和浴室

在浴室和厨房里种植一些观叶植物，这些植物可以在阴凉和潮湿的
环境中茁壮成长，创造一种令人惊叹的氛围。引入有特点的观叶和
悬垂植物，将使你生活的房间充满生机。

室内植物叶片的各种纹理和颜色不仅可以使浴室和厨房等实用房间更加美观，而且还有助于净化空气，因为它们吸收气味和二氧化碳，并排出清洁的氧气。

被植物包围可以改善你的心理健康，这可以帮助你在洗澡或淋浴时放松，或在厨房做饭时减压。

如何选择植物

仔细选择植物是很重要的，这样它们才能在这些房间潮湿和阴凉的条件下茁壮成长。值得庆幸的是，这些条件与热带雨林地区郁郁葱葱的环境条件类似，这意味着有很多令人兴奋的植物可供选择。

由于浴室和厨房的空间通常都是很小的，你在选择的时候要考虑植物的大小。虽然大型、引人注目的植物会打造一个焦点或特色，但也可以考虑使用摆放在架子上或适合放在浴缸一侧或

角落的植物。蔓生植物很有用，因为它们可以悬挂在橱柜的两侧，甚至可以覆盖在淋浴栏杆上，比如西班牙苔藓(老人须*Tillandsia usneoides*，见第127页)。

你也可以考虑在一些房间种植非常酷的食肉植物(见第128页)，它们看起来就令人兴奋，如捕蝇草和捕虫草。这些不仅看起来很棒，还能防止厨房里的虫子靠近你的食物。不过，一定要记住，它们需要一些自然光。

对页图：室内植物不需要开鲜艳的花。那些具有令人印象深刻的常绿叶子的植物是最受欢迎的。

热带风情

选择适合房间主题/风格的
有吸引力的容器，把大的
植物放在后面，把小的放
在前面。如果可能的话，
把植物放在窗边，自然光
比较充足的地方。

阴湿环境的植物精选

是时候推翻厨房和浴室由于其环境条件而不适合种植植物的荒诞说法了。事实上，有大量的植物适合这些房间的湿热而有时阴暗的环境。请记住，备用浴室没有常规使用的浴室那么潮湿，要根据环境相应地选择植物。

蜘蛛草

吊兰（*Chlorophytum comosum* 'Variegatum'）

吊兰是较容易种植的植物之一，它有蔓生的习性，因此非常适合放在高架子上或柜子顶部，在那里大量斑驳、带状的叶子可以在边缘层叠生长。

剑蕨

高大肾蕨（*Nephrolepis exaltata*）

这种植物起源于南美洲和西印度群岛的沼泽和雨林，所以非常适合潮湿的浴室和厨房。它有华丽的、拱形的绿色叶子，可以从浴室的外面、架子上和厨房的组合件上垂下来。

一叶兰

蜘蛛抱蛋（*Aspidistra elatior*）

这种植物像一双旧的园艺靴一样坚韧，适合养在阴凉的环境中，并且需要很少的维护。它有迷人的深色叶子，长约60cm，适合生长在浴室的角落，在那里它可以掩盖厕所刷和秤等浴室用品。

和平百合

弯穗苞叶芋（*Spathiphyllum wallisii*）

这种植物喜欢温暖潮湿的环境，有引人注目的白色花朵和迷人的有光泽的绿色叶子，称为佛焰苞。这种植物有助于净化空气，并能忍受阴凉的环境。它被称为和平百合，因为这种花被认为类似于和平旗。所以，当你在浴缸里放松的时候，你可以有美好的和平想法。

西班牙苔藓

老人须（*Tillandsia usneoides*）

这种植物奇特而不寻常的蔓生习性为你的浴室或厨房增添了一丝热带雨林的气息。作为凤梨科的一员，它没有根系，而是一种空气植物，通过它又长又窄的灰绿色叶子吸收水分和营养。试着在淋浴栏杆上悬挂一个，这样可以产生令人印象深刻的效果。

金边虎尾兰

虎尾兰（*Sansevieria trifasciata*）

一种来自尼日利亚的引人注目的观叶植物，具有直立的带状叶子，对疏忽大意的主人非常宽容。它是少数几种能耐受浴室或厨房湿气的多肉植物之一，但不要过度浇水或剥夺它的光照。

培育食肉植物

我们大多数人可能都熟悉捕蝇草，但还有许多其他类型的食肉植物可以种植，形成一个小型食肉植物展示区。此外，这些奇形怪状的植物是朋友和家人之间的一个很好的话题，可以激起大家的兴趣。

通过遵循一些简单的规则，食肉植物可以在室内或室外生存。如果给它们提供合适的土壤条件、光和阴凉，它们会茁壮成长。

可以在室内大胆地种植植物，利用它们不同的叶子和生长习性来达到很好的效果。根据它们对阳光的要求，把它们放在架子上或窗台上。在光线充足的厨房桌面和客厅的咖啡桌上，用较大的植物作为中心，用较小的植物围绕。

正确维护

食肉植物喜欢酸性和微沼泽的土壤。尽量购买专门为这类植物配制的低营养土，如果你没有这种土，那么用杜鹃花科的堆肥土也可以。如果选择在容器中种植，需要在底部放置一个防水膜，或者一个可回收再利用的塑料袋，以帮助它们保持所需的潮湿条件。

雨水

大多数食肉植物应该用雨水浇灌,自来水会改变土壤的酸碱度,溶解的化学物质可能对植物有害。如果你没有集雨桶,用水桶收集雨水。不要给食肉植物施肥或肥料,因为它们所有的营养都来自它们捕获的昆虫。

可以尝试种植的植物

容易尝试的植物包括捕蝇草(有敏感的叶子,当苍蝇落在上面时就会关闭)、茅膏菜(叶子表面有黏性,昆虫会粘在上面),还有瓶子草(开漏斗状的花,可以捕捉昆虫)。夏天把它们放在温暖明亮的地方,冬天把它们移到阴凉处,因为它们需要一段时间休眠。记得给它们加满雨水。在气候温和的地区,这些物种中的一些可以全年在室外种植。

想要使房间更有异国风情,可以试试热带猪笼草。在室内的吊篮中种植,避免阳光直射。浴室是理想的种植空间,因为有潮湿和黑暗的环境。试着在淋浴栏杆后面挂一个吊篮——只是不要让自来水接触到堆肥。

对页左图:捕蝇草(*Dionaea muscipula*)需要保持湿润,夏天会开花。

对页右图:瓶子草(*Sarracenia*)是一种古怪的装饰植物,适合在有遮蔽的花园中种植。

左图:猪笼草(*Nepanthes*)是一种引人注目的蔓生植物,花呈漏斗状,可以诱捕昆虫,是室内挂篮的理想选择。

右图:茅膏菜(*Drosera*)是最大的食肉植物群之一,体积小,是一个闪闪发光的美妙陷阱。

对页图：时尚的几何玻璃缸，类似金字塔的形状，本身就非常吸引人。

下图：重新利用装意大利面的储物罐来打造一个微型的室内森林场景。

37

打造一个玻璃容器花园

室内微型玻璃容器花园需要很少的精力来种植和维护，这也是它们的美妙之处。它们需要较少的精力来种植，一旦种植，几乎不需要任何维护。它们具有特色，放置在任何房间都是引人注目的。

如何接触

需要长柄的勺子、镊子、钳子、筷子，甚至是木制的针织针，来对植物进行维护。

玻璃缸需要是透明的，以便最大限度让光线照入，这也可以让你从各个角度欣赏植物。玻璃和塑料是两种备受欢迎的材料。你可以购买专门设计的玻璃容器，比如十二面体玻璃容器，当然你也可以从家里回收容器。通常使用钟形瓶或大玻璃瓶。其他合适的容器包括旧的鱼缸、花瓶、甚至坛子，然而在顶部有足够大的空隙来接触植物和维护环境是很重要的。你可能希望在玻璃容器中摆放吸引人的石头，在这种情况下，就需要一个相当大的开口才能操作。

密封的玻璃缸

许多玻璃缸是用盖子或瓶塞密封的，因为这打造了一个封闭的生态系统。这些植物自给自足，只需要很少地浇水。树叶的蒸腾作用使水凝结在玻璃表面，然后滴落下来，提供了水。这适合热带植物，它们享受着从茂盛的大叶子中释放出来的水分。这些潮湿封闭的玻璃缸在阳光直射下会过热。

合适的植物包括：彩叶草(*Fittonia albivenis*)、铁线蕨(*Adiantum aethiopicum*)、绿萝(*Epipremnum aureum*)和虎耳草(*Saxifrage stolonifera*)。还有很多其他植物，需要插入标签，经常观察这些植物是否喜欢低光、温暖、潮湿的环境。

打造一个密封的玻璃容器——在选择的容器底部放一层砾石用于排水,混合少量活性炭,以保持空气清新,避免水不流动和真菌问题。然后添加一层堆肥和土壤50∶50的混合物,深度为2.5cm。在土中种植块状泥炭苔,然后用植物填充。苔藓有助于保持和收集水分,保持湿度水平。

开放式玻璃容器

使植物暴露在空气中的容器会更适合种植干燥、喜干旱的植物,如仙人掌和多肉植物。这些容器可以放在窗台上,让植物可以晒太阳,但一定要检查一下,以防叶子开始枯萎。

适合种植的植物包括:常绿油麻藤、景天属植物、景天科石莲花属植物和芦荟。

打造一个开放式玻璃缸——在玻璃缸底部填满等量的砾石、沙子和土,深度2.5cm。接下来放入石头,然后在堆肥中种植多肉植物和仙人掌。

湿度检查

要检查湿度,查看玻璃缸上的冷凝程度。如果不到1/3的高度,你的玻璃缸可能需要浇水了。如果它正好到顶部并且滴水很多,那么可能有必要擦拭玻璃缸的周围,以清除多余的水分。

38

开始收集仙人掌

室内种植仙人掌吸引人的因素之一是维护成本低，它们几乎不需要任何照顾。它们大多生长在沙漠中，因此在几周甚至几个月不浇水或不施肥的情况下都能长得很好——如果你经常不在家，这是理想的选择。

无论对初学者，还是经验丰富的园丁来说，仙人掌都是他们的最爱，因为很容易照顾。它们有很多不同的形状和大小，所以有很多人喜欢收集各种仙人掌。不过要小心，因为这个爱好可能会上瘾！由于它们的维护简单，也适合孩子们种植，但是要小心尖刺。

要打造一个仙人掌花园，重要的是了解它们在野外的生存环境。它们生长在干燥、干旱、几乎没有降雨的沙漠环境中。它们也有很强的适应力——在野外，它们经常在暴露的地方，受到热风和沙尘暴的侵袭。

上图：各种各样的仙人掌放在不同的花盆里，可以用来装饰窗台。

对页左图：奇怪而令人惊叹的仙人掌形状会让你着迷，并让你想收集更多！

对页右图：仙人掌不只是绿色和尖刺。如果你照顾得当，它们可能会开出一两朵美丽的花，比如刺梨仙人掌。

种植在哪里

仙人掌喜欢温暖和炎热的环境, 可以把它们放在阳光充足的窗台上。它们是填补这个空间的完美选择, 因为大多数其他室内植物都不能忍受高温。它们喜欢的温度在18~28℃之间, 让它们远离寒冷的气流。

仙人掌的维护

在夏天, 仙人掌需要每两到四周浇水一次, 但在冬天减少到每几个月一次。重要的是, 要避免给仙人掌浇水过多, 因为这会导致它们腐烂。在植物底部浇水, 尽量避免浸泡仙人掌本身, 因为这可能会造成损害。

小心尖刺!

处理带刺的仙人掌时，最好戴上厚手套。或者，也可以把报纸折叠几次，做成厚实的纸条，然后用它来移动仙人掌。优点是你不需要经常维护它们；由于它们生长缓慢，只需每隔几年重新种植到新鲜的仙人掌堆肥中。

打造一个室内仙人掌花园

在打造仙人掌花园时，有成千上万的仙人掌可供选择。尝试
选择一系列不同的形状和大小的仙人掌，利用对比鲜明的颜
色和纹理搭配，创造一个有趣花园。一旦你种植了仙人掌，
除了坐下来观赏它们，就没有什么别的事可做了。

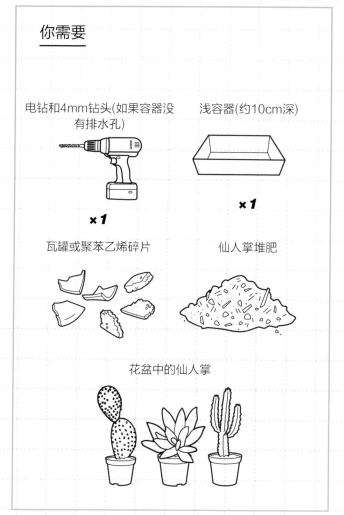

你需要

电钻和4mm钻头(如果容器没有排水孔)

×1

浅容器(约10cm深)

×1

瓦罐或聚苯乙烯碎片

仙人掌堆肥

花盆中的仙人掌

❶ 如果浅容器底部没有排水孔，就用电钻和4mm的钻头在底部钻出直径1cm的排水孔。仙人掌很容易照顾，但有一件事会杀死它们，那就是过量的水分。

❷ 在排水孔上放置瓦罐或聚苯乙烯碎片，这样可以防止堆肥从孔中冲走和帮助排水。

❸ 在容器的底部铺一层2cm的园艺沙砾，这将有助于增加容器的排水。

❹ 用仙人掌堆肥将容器填满至距离表面约2cm处，并将堆肥压实。把仙人掌从花盆里拿出来，轻轻地梳理它们的根。

❺ 把仙人掌种在堆肥里，和它们在花盆里的深度一样。把它们固定住，然后在容器顶部用更多的园艺沙砾覆盖表面。

浅容器

仙人掌喜欢浅容器。它的深度需要与原来仙人掌的花盆相同。考虑回收利用罐头、塑料巧克力盒或饼干盒。

❶

❷

❸

❹

❺

容器可能需要放在托盘上，这样就可以从下面浇水。

39

给厨房加点香料

种一株姜来给你的厨房增添趣味：它不仅是一种漂亮的室内植物，而且可以很容易地用从超市买的姜根繁殖。把这种植物放在阳光充足的厨房窗台上，你就会拥有美味的辛辣香料。

你需要

姜根　　　　　　花盆　　　　　　锋利的刀

通用无泥炭　　　　种盘
堆肥土

❶ 把家里的姜根放在案板上，用锋利的刀把它切成5cm长的段。在理想情况下，每个部分至少有一个休眠的生长芽。

谁不喜欢姜浓郁的香味呢?无论你是喜欢亚洲风味的烹饪,还是烤姜饼人,喝姜汁啤酒,这种香料都是我们许多人的最爱。它是一种源于热带国家的根茎作物,但它可以在凉爽地区的室内阳光充足的窗台上快乐地生长。

买姜的时候,要找饱满的健康根(严格来说是根状茎,是根的一种),扔掉枯萎或干枯的。检查根部是否有休眠的生长芽。这些是你可以用手摸到的疙瘩,或者在表面上看到的疙瘩,它们有可能变成一株新植物。

生长和收获

种植姜根,详细如下。经过几周的生长,你会看到球状的尖端开始扩大,最终出现一个芽。根应该放在土表面以下,尖芽在上面长出来。最终,它将发展成为一种美丽的、多叶的室内植物。

几个月后,姜根就可以收获了。把它从花盆里拿出来,掰下一段来做菜。将剩余的植物重新种植在新鲜的堆肥中,或者砍掉多余的部分来种植新的植物。

美味的姜黄

姜黄根也可以从超市买到,并以与姜根相同的方式种植。

❷ 在种盘里装满通用无泥炭堆肥土,把姜根插入土壤中,使它们刚好低于土表面,让生长的尖芽露出。

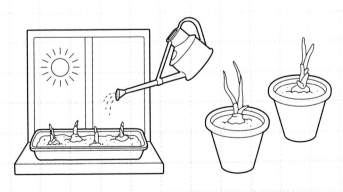

❸ 用喷壶给姜根浇水,然后把种盘放在阳光充足的窗台上。

❹ 当嫩枝长到8cm左右时,可以小心地从种盘中取出,然后分别装入花盆中。

40

制作堆肥

对许多园丁来说，堆肥是花园中最重要的元素。堆肥可能不太美观，但是如果你有空间，制作堆肥将给你带来很多益处。它可以用来改善土壤和填充栽培床，同时回收厨房里的水果和蔬菜垃圾。

制作堆肥很容易，堆肥不会不堪入目，也不必占用太多空间。事实上，一些堆肥器甚至被设计得色彩鲜艳，本身就很有吸引力，也很紧凑，几乎不占太大空间。一些堆肥器甚至可以配上旋转器，以避免手工翻堆肥。还可以配置安全的盖子，放在院子里，确保没有老鼠等啮齿动物进去。

简易堆肥箱

如果空间允许，可以用3个货盘制作1个简易堆肥箱，将它们的边缘拧在一起形成两侧和背面，正面开口。在理想情况下，应该有3个堆肥箱，1个用于腐烂，1个当前使用，1个用于填充。如果有多个堆肥箱，就可以有1个空的堆肥箱，将堆肥放入其中。

如果你没有空间用于堆肥，请翻到第142页，了解如何打造一个饲虫箱。

正确搭配

堆肥的诀窍是得到绿色(氮基)材料和棕色(碳基)材料的正确组合。目的：

70%绿色 : 30%棕色。

氮太多会导致堆肥变得黏糊糊的，而碳太多又会太干，不能正常分解。

绿色材料包括：
· 厨房垃圾，如水果和蔬菜
· 草屑
· 来自花园的柔软草本材料

棕色材料包括：
· 撕碎的报纸
· 纸板
· 叶子
· 木屑

翻堆肥

堆肥材料会在一年内逐渐分解，但如果每隔几周就翻动一次，进入堆肥的空气就会加速分解。用园艺叉子移动堆肥顶部的材料，并将其放在底部的新堆中。继续下去，直到新堆的顶部有最旧的材料。

从左起顺时针方向：密封或封闭堆肥箱的优点是防啮齿动物。

一个健康的堆肥应该有很多蠕虫，这将有助于分解材料。

开放式堆肥箱从上面很容易处理，因此可以定期翻转堆肥。

用荨麻制作液体肥料

荨麻富含营养成分，几乎一年四季都长得茂盛。尽管这些"杂草"有刺，但它们是园丁最好的朋友，可以很容易地制成液体肥料。荨麻富含氮，这是促进花园植物健康生长所需的关键成分。

你需要

手套 ×1

黑色垃圾袋 ×1

剪刀或修枝剪 ×1

水桶 ×1

荨麻

浇水壶 ×1

搅拌棒 ×1

❶ 戴上手套，用剪刀或修枝剪剪一黑色垃圾袋荨麻。大概需要半袋的叶子和茎。

❷ 回到花园后，可以用剪刀或修枝剪将荨麻剪成15cm长。在水里碎片越小，分解得越快。

❸ 将剪碎的荨麻放入容器中，如水桶或空塑料箱，并装满水。液体在分解时会开始发臭，所以最好把桶放在一个隐蔽的角落。

❹ 几周后，荨麻应该已经腐烂成褐色的沉淀物。用浇水壶将沉淀物稀释成10∶1的荨麻液体肥料，用搅拌棒搅拌。

❺ 在生长季节使用这种稀释的液体肥料来灌溉植物，每两星期浇灌一次或两次。

改用紫草

如果你的花园里种植了紫草，也可以做成液体肥料。它的制作方法与荨麻肥料的相同，但紫草含有更丰富的钾，所以一旦荨麻开始开花或结果，可以改用紫草，钾将有助于改善颜色和味道。

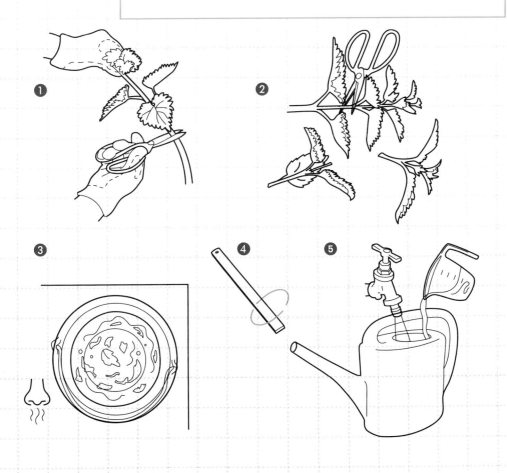

❶ ❷

❸ ❹ ❺

术语

培养蠕虫用于制作堆肥和液体肥料的技术名称是蠕虫堆肥。

41

使用饲虫箱

蠕虫是园丁最好的朋友。在土壤中发现蠕虫是一个好兆头，因为这意味着土壤是健康的、肥沃的。它们有助于分解土壤，并且在它们蠕动时可以使土壤透气。通过打造饲虫箱，你还可以利用蚯蚓粪来创造一种液体肥料——"黑金"，和一种营养丰富的堆肥。

当蠕虫分解厨房里的菜叶果皮等有机物质时，它们会产出一种可爱的黑色的粪，通常被园丁称为"黑金"。这是完美的土壤改良剂，可以在花坛里使用。还可以制作成液体肥料，在喷壶中稀释并用于施肥。

饲虫箱几乎不占用任何空间，因此它们为任何想要利用厨房和花园废物堆肥但没有空间放置堆肥箱的人提供了一个实用的解决方案。饲虫箱可以在网上或园艺中心买到，但自己制作也很容易。

上图：经常用厨房里的水果和蔬菜残渣喂蠕虫，蠕虫会把它们变成花园的堆肥。

右上图：在阳台或门廊处打造一个蠕虫箱是一个完美的解决方案，可以提供堆肥。

构造

饲虫箱是一个带有气孔的小盒子状结构,里面充满了绿色废物和花园堆肥。一旦加入蠕虫(小心地),它们就会分解这些材料,留下堆肥供花园使用。通常还有一个水龙头,这样富含营养的液体就可以被吸出了。

将填充进蠕虫箱的饲料切碎成小块,以帮助蠕虫更快地长大,并避免添加过多的水或酸性产品,如柑橘类水果。

蠕虫

与通常在土壤中发现的蚯蚓不同,饲虫箱中使用的蠕虫倾向于生活在分解的粪便、落叶或任何其他可分解的有机物质中。它们有几个不同的名字,比如"虎虫""红摇虫"或"红蚯蚓",通常是红色的,"脖子"上有一条黄色的带子。有时它们被称为"堆肥蠕虫"。看看堆肥箱,你经常会发现里面有蠕虫。可以把它们从现有的堆肥中移除并放置在饲虫箱中。

或者,可以从花园供应商那里购买几包活的"堆肥蠕虫"。一旦你有了蠕虫,就不需要再买了,因为它们会繁殖很快。

理想条件

蠕虫在夏天更活跃,所以不要在寒冷的季节填满你的饲虫箱,因为厨房垃圾可能会放在那里慢慢腐烂。蠕虫不喜欢极端的温度,所以在避免寒冷的同时,确保通风以保持凉爽。如果是在室外,把蠕虫放在一个避风的地方。饲虫箱内应该是温暖潮湿的。定期检查箱子里的材料,如果感觉很干,就加一点水。

注意事项

可添加的产品包括:
· 咖啡粉
· 水果
· 煮熟的菜或生蔬菜
· 草屑
· 纸板
· 叶子
· 杂草
· 花园里的草本植物

不要添加:
· 乳制品
· 肉
· 鱼
· 鸡蛋

打造锁孔种植床

锁孔园艺是一种起源于非洲南部的巧妙技术，将圆形种植床与中央堆肥堆结合起来。制作起来也很容易，如果使用的是循环利用的材料，应该不会花任何钱。锁孔种植床很有特色，在花园中很吸引人，可以做成任何大小或形状，这取决于室外空间的大小。

在锁孔种植床的中心是一个由渗透性材料制成的堆肥堆，它将营养物质过滤到周围的土壤中。之所以被称为锁孔花园，因为如果从上面看，种植床就像锁孔的形状，它是圆形的，有一条狭窄的裂缝。裂缝是一条狭窄的走道，可以进入中心，也就是堆肥堆的地方。

锁孔的起源

这个想法起源于非洲南部，那里的土壤不肥沃，质量也很差。种植床是用附近可以找到的任何免费材料制成的，通常是岩块和石头，将它们堆成一个圈来建造墙壁。中央堆肥堆的侧面由芦苇、青草或透水的茅草材料制成。通过定期向中心的堆肥堆中添加绿色废物，营养物质会渗出并进入周围的土壤中。这为蔬菜、药草和果树的生长提供了肥沃的条件。

上图：留下一条走道可以方便地到达中央堆肥堆，并让你可以对锁孔种植床上的植物进行维护和收获。

你需要

岩块，石头，木头或砖块　　可分解的有机物质　　铁锹　　铁丝网，1m × 0.75m规格　　土壤

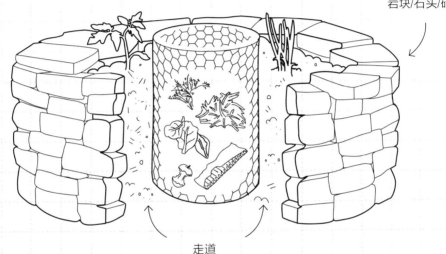

岩块/石头/砖块

走道

① 锁孔种植床可以是你想要的任何大小或形状的，但如果它太大，中央堆肥堆将无法为种植床的最远区域提供任何营养。因此，理想的尺寸是直径约2.5m。

② 将圆形种植床的墙壁堆砌到约50cm的高度。合适的材料包括岩块、石头、木头或砖块。

③ 在中间留出一条走道，让人可以进入堆肥堆。从上面看，这个结构应该看起来像一个巨大的圆形奶酪，旁边切了一块，或者说更像是一个钥匙孔。

④ 用铁丝网制作一个1m长的可渗透的圆形堆肥堆，并用铁锹将任何可分解的有机物质填充进去，包括草屑、水果和蔬菜废料以及任何其他花园堆肥。也可以使用揉碎的报纸和切碎的纸板。

⑤ 用土壤填满种植床，使其略低于墙壁的高度。在理想情况下，靠近堆肥堆的土壤应该比边缘的土壤高出大约10cm，以便与中间的堆肥材料进行最大限度的接触。

⑥ 随着季节的发展，继续在中间填充堆肥。如果堆肥堆填满了，用钢丝钳在铁丝网底部做一个小缺口，取出腐烂的东西并铺在种植床上作为护根物。

打造一个免挖掘式的蔬菜园

在过去几年中，免挖掘园艺的受欢迎程度大大增加。顾名思义，它在不挖土的情况下耕种。人们认为，这为植物的生长带来了更健康的环境，而且减少了你除草的工作。

这么多人喜欢这种方法，除了因为它可以免去辛苦的挖掘以外，还因为它可以减少除草，使土壤更健康、更肥沃。

免挖掘方法的倡导者认为，挖掘土壤会破坏其结构，从而降低其肥力、排水能力并导致微生物减少。此外，挖掘土壤会暴露并促使以前休眠的杂草种子发芽。最后，它增加了意外砍断多年生杂草根部的风险，随着它繁殖成更多的植物，可能会产生更多的问题。

不用挖土，在土壤表面覆盖一层有机覆盖物就能创造出健康的土壤。这个覆盖层逐渐分解成易碎的状态，使杂草很容易拔除，同时创造了一个丰富、肥沃的环境，反过来又为地表以下的大量土壤生物提供了养分。

从哪里开始

使用修剪机、镰刀或手动剪刀将高的杂草沿着地面进行修剪，避免挖到土壤中。修剪下来的物料可以添加到堆肥堆中，前提是没有结子。

用纸板盖住土壤。如果杂草丛生，比如多年生荨麻，那么你可能需要两到三片纸板。这样做的目的是要遮住任何光线，这样可以防止杂草重新长出来，所以要确保纸板贴在边缘。

接下来，在上面加一层15~20cm的护根物。使用有机材料，如花园堆肥、修剪下来的草屑、树叶、草本材料和水果及蔬菜厨余垃圾。

这个过程确实需要耐心，因为这层有机地膜需要6个月到一年的时间才能分解。一旦它变成了可爱的黑色堆肥，就可以种植蔬菜了。

生长

用铲子挖出一个足够大的洞，以容纳幼苗，避免破坏周围的环境。或者，用锄头播种，或者用锄头挖一个浅坑。

如果在蔬菜生长过程中出现了任何杂草，应该很容易地将它们从松软的土壤中拔出来，而不需要挖掘。

在蔬菜收割完毕后，将植物拔出来并将它们添加到堆肥堆中。

在种植床的表面再加一层护根膜，深度为15~20cm，然后开始下一次的免挖掘式种植。

对页图：免挖掘式的蔬菜园应该减少边界和苗床上的杂草数量。

上图：成功的免挖掘园艺的关键是定期向苗床添加堆肥，以创造健康的土壤。

下图：直接种植到堆肥中，植物会茁壮成长。

建造土丘种植床

土丘文化起源于北欧，字面意思是山或丘文化。这是一种无须挖掘的花园，包括在小土丘上种植水果和蔬菜等作物。这些小土丘是由腐烂的原木和树枝组成的，上面覆盖着堆肥等有机物质。随着木材慢慢分解，它为堆肥提供了可以持续20年的营养物质。

你需要准备

铁锹

×1

绿色、新鲜的物质，如草屑、水果和蔬菜

原木和树枝——最好是已经腐烂的、各种大小的，避免任何生病的东西;或者木屑

腐烂的花园堆肥或通用无泥炭堆肥土

蔬菜——选择一些喜阴的蔬菜和一些喜阳的蔬菜

❶ 确定迷你土丘种植床的制作位置，并开始准备。理想情况下，它应该在白天至少照射一些阳光。如果有草皮，就用铁锹把草皮铲掉。

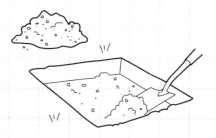

❷ 挖一条30cm深的沟渠。它的长和宽应该和你找到的最长的树枝和原木一样。大约2m×1m的土丘种植床对于小花园来说是一个很好的尺寸。

自己浇水

土丘种植床减少了对水的需求，因为腐烂的原木像海绵一样吸收水分，然后把水分逐渐释放出来。

倾斜的边

土丘种植床的其他好处是可以增加花园斜坡的生长面积。有些土丘高达2m。

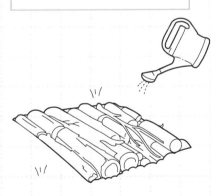

❸ 将原木和树枝(或木屑)放入沟渠中填满，使其表面凸起。理想情况下，原木应该已经开始腐烂，因为这将加快植物的营养供应。给原木浇水，以促进其腐烂。

❹ 开始建立土丘种植床，最终高度约75cm。从你之前移走的草皮开始，把它们倒扣在原木上。接下来，添加新鲜的物质，如剪下来的草屑、水果和蔬菜，然后是一层厚厚的(10~15cm)腐烂的花园堆肥。然后这个土丘就可以种植了。如果两侧稍微倾斜，可以种植在顶部(称为高原)。弄清楚哪一面是在阴凉处，哪一面是在阳光下，然后选择适合这些环境的蔬菜。

种一个香草园

漫步在香草园里，揉搓叶子，呼吸它们散发出的芳香，是一种放松而令人愉快的体验。易于种植，适合种植在厨房门口的花盆里或窗台盒里，拥有各种各样的香草将增加你在厨房使用的调味料。

几个世纪以来，香草一直被用于烹饪、调味和医药。许多植株都很小，因此非常适合在小花园或庭院中种植。通常使用的是叶子，但根据植物的不同，其他部分如根、花、种子、树皮和树液也可以使用。

在地上或花盆中种植

大多数草本植物来自干燥、干旱的地方，如地中海，因此它们更喜欢在花园中温暖、干燥、阳光充足、土壤排水良好的地方生长。如果你有较重的黏土，那么可以添加园艺沙砾来改善排水。

另外，香草很容易在容器中种植。挑选一系列不同大小的漂亮花盆。耐霜冻的陶土花盆看起来很漂亮，香草从顶部和侧面长出。也可以考虑使用香草种植机，它有许多种植侧袋，非常适合在小面积内种植尽可能多的香草。

当在容器中种植草药时，使用以壤土为基础的无泥炭土，并添加多达25%的园艺沙砾来改善

排水。还可以在容器底部的排水孔上放置瓦罐或石头碎片。将容器放在砖块上，使其离开地面，让多余的水溢出。在炎热的夏天要经常给香草浇水。

耐寒草本植物

有些草本植物耐寒，一年四季都能在户外生长。其中包括月桂、薄荷、牛至、鼠尾草、茴香、迷迭香、香葱和百里香。一些草本植物在天气变冷时就会枯萎，只有在春天天气变暖时才会重新生长。如果在容器中种植，这些草药可能需要每隔几年重新种植到新鲜的堆肥中。

一年生和多年生植物

其他草本植物要么是一年生植物，要么是嫩嫩的多年生植物，经历一个季度就会死亡。植物包括罗勒、香菜和法国龙蒿。这些植物应在每年春天进行繁殖。或者，你也可以从花园中心买到植物苗，种在厨房阳光充足的窗台盆里。在室内种植可以延长它们的寿命。

管好你的薄荷吧!

薄荷如果直接种植在土壤中是相当具有侵入性的。最好是将其种植在单独的容器中,这样可以控制它们的生长,也易于维护。

上图:许多不同口味的香草可以挤在一个花坛里。

右图:在陶土盆中种植不同纹理、不同高度的草本植物,以达到自然、质朴的展示效果。

香草植物精选

香草对任何花园都是极好的补充。它们不仅有药用和烹饪用途，而且也很有吸引力。欧芹可以用来点缀小径，而有独特的紫色或三色叶子的鼠尾草可以种植在边缘，以增加纹理，并作为周围花朵的陪衬。有美丽的直立或蔓生的迷迭香，开着漂亮的蓝色花朵；还有青铜叶的茴香，种在花坛后面看起来很庄严。

韭菜

北葱（*Allium schoenoprasum*）

韭菜是百合科葱属多年生植物，高约40cm，夏天开出紫色的花头。种植在阳光充足或部分阴凉的潮湿且排水良好的土壤中。

薄荷

薄荷属（*Mentha*）

这种高30cm的多年生草本植物品种繁多，除薄荷味之外，还带有苹果味、留兰香味、生姜味，甚至还有巧克力味。在花坛里种植会带来生机和活力，如果在花盆中种植，则更容易管理。

百里香

百里香（*Thymus vulgaris*）

一种矮生多年生常绿草本植物，它们的寿命相当短，可能每两三年就需要更换一次。它们的小叶子非常芳香，有迷人的银色和金色。有的品种有柠檬香味。

平叶欧芹

西芹

欧芹（*Petroselinum crispum*）

一种受欢迎的一年生草本植物，高约30cm，可作开胃菜。通常有两种不同的类型，卷叶或平叶，两者味道相似，但后者通常有更强烈的味道。每年春天定期播种。

卷叶欧芹

茴香

茴香（*Foeniculum vulgare*）

有着美丽的、装饰性的、羽毛状的叶子，茴香有一种大料的味道，有多肉的球茎，种子和叶子常用于鱼类菜肴。如果你想要一种有类似味道叶子的小草本植物，可以试试一年生莳萝。

迷迭香

迷迭香（*Rosmarinus officinalis*）

常绿灌木，开蓝色花，银色叶子有香味，经常用于羊肉等菜肴中。迷迭香有各种大小，可以蔓生或直立生长。

鼠尾草

鼠尾草（*Salvia officinalis*）

一种常绿灌木草本植物，有芳香的叶子，常用于腌制肉类菜肴。普通品种的叶子是浅绿色的，但也有吸引人的紫色或三色品种。它是一种多年生植物，可能需要每年修剪掉一半，以防止它变得太大而木质化。

种植盆景

盆景是日本一种传统种植小型树的技术。一旦你了解了盆景的需求，种植起来比你想象的要容易得多，长成的小型树在花园甚至室内都是壮观的风景。

大多数乔木和灌木可以缩小种植成盆景。从幼小的树木开始是很重要的，因为它们足够柔软，可以打造成你想要的形状。或者，你也可以从花园中心购买一盆培育好的盆栽，这是一个更昂贵的选择。

种植盆景较简单、最好的树木之一是日本枫树（鸡爪槭Acer palmatum），它们会长出很多枝条，所以塑造一个漂亮的形状很容易，而且它们在夏天生长适度，所以更容易控制形状。最重要的是，日本枫树的叶子可以制成美丽的标本，它们的树干呈现出古老、粗糙的外观。秋天，它们的五瓣叶呈现出迷人的色彩。

将植物装入容器

盆景树需要在容器中生长，以抑制它们的生长。将它们种植在以壤土为基础的无泥炭堆肥土和纯沙混合物中，比例为50：50。盆景的容器通常很浅，有时甚至是托盘。容器的高度应该是树的1/3。可能有必要先修剪一下树根，让它们更合适。

修剪、培育和分枝

限制树木大小的艺术在于修剪和培育。你可以通过仔细观察树枝的位置，去掉不想要的树枝，将树塑造成你想要的形状。

应该在冬天去除一些较粗的树枝，完成树的造型。避免在春天修剪日本枫树，因为它们容易流出树液。

在春夏两季，随着树的生长，一些生长更旺盛的树梢会被掐掉1/3左右。这将促使更多的幼苗向下生长，塑造一个更密集的树冠。

布线

在树枝上缠电线可以进一步控制树的形状。树枝的位置没有对错之分，关键在于你想让树长成什么的形状。试着用树枝上的电线来控制它们生长的位置和方式。

从左起顺时针方向：种植在浅盘中的成熟盆景，这样可以使植物保持紧凑。

杜鹃花盆栽开花的壮观景象。

日本枫树有美丽的叶子，非常吸引人，是很受欢迎的盆景种植品种。

为了保持盆景紧凑，需要定期维护和修剪。

46

从日式花园中汲取灵感

日式花园因其简洁和美丽而很受欢迎。它们是为沉思和放松而设计的，每一个元素都被仔细搭配，以增强整体设计感。也许不是每个花园都能容纳茶亭、精致的桥梁和瀑布，但可以在较小的规模中融入这些特色。

日式花园中的许多元素都是具有象征性的，代表周围的景观：岩石和巨石代表岛屿，池塘代表湖泊和海洋，植物代表森林和自然。当你想打造自己的日式花园时，这是一个关键的概念。

选择植物

日本有很多植物可供选择，这里只是推荐一些受欢迎的植物：

日本枫树(鸡爪槭 *Acer palmatum*)——是中等大小的树木，有美丽的叶子，秋天会改变颜色，是几乎所有的日式花园中的典型代表。

直立的竹子——很受欢迎，当它们在风中摇摆时，增加了质感和动感。如果种植在地里，要选择成团的和生长缓慢的。紫竹(*Phyllostachys nigra*)是一种迷人的黑茎竹子；要想有金色的茎，可以试试鱼竿竹(人面竹 *Phyllostachys aurea*)。

一棵开花的樱桃树——如果有空间，可以种植一棵樱桃树，可以在春天赏花。日本人非常喜欢樱花，他们每年都有樱花节。有很多品种可供选择，如果空间有限，可以在花盆中种植一棵。

杜鹃花——是常绿灌木，在春天开出鲜艳的花朵。它们喜欢酸性土壤，但如果土壤不适宜，也可以在杜鹃花的堆肥罐中种植。

摆放好你的植物

许多其他类型的花园都是将尽可能多的植物摆放在室外空间，日式花园则是不同的。每个植物的位置都是经过深思熟虑的。许多植物倾向于单独种植，所以它们的自然形态可以从四面八方欣赏，或者以相同或相似的植物小簇的形式种植。

日式技术

云状修剪——如果你想要正宗的日式风格，那么你可以尝试云状修剪。这是一种装饰性的修剪技术，包括将树叶的树枝塑造成圆球，看起来像飘浮的云。种植小叶常绿灌木，如日本冬青(*Ilex crenata*)和日本女贞(*Ligustrum japonicum*)。

硬景观——通常，日式花园的表面被砾石覆盖。这给了它一个统一的设计，将所有单独的元素连接在一起。它不仅美观，而且易于维护，有助于抑制杂草。在日式花园中也有不同大小的岩石。简单而美丽是关键，所以要有技巧地摆放石头，让它们看起来自然，不杂乱。先在地面上铺一层除草膜，然后再加入沙砾，深度为5cm。

水的倒影—— 水是大多数日式花园的主要特征，旨在调动感官。水面的倒影为景观注入了一种对称和平衡的感觉。静止的池塘可以唤起宁静和沉思，而流动的水则为心情增添了自然的流动。

锦鲤可以加入水中，它们明亮的橙色、白色和红色与它们游动的暗池形成对比。如果有空间，用一座小桥连接一边和另一边，增加对称性。它还提供了一个位置，可以直接看水，沉思，观察云和天空在水中的反射场景。

种植草坪或铺设草皮

草坪是花园中的一大特色，美丽、自然而青翠。将中性的绿色作为明亮植物的背景，更显柔和，而柔软的质地提供了一个舒适的休闲区域，适合在上面坐着或玩耍。在很小的花园中可以铺设草坪，并可以打造成具有创意的形状，以增强整体设计。

铺设草坪有两种方式：你可以用种子种植草坪或可以铺设预先做好的草皮。以下是两种方法的优点，你可以决定哪一种更适合你。

种植草坪的优点

成本——一盒或一袋草籽比使用一卷一卷的草皮便宜得多。事实上，据估计，购买草皮的价格比同等数量的种子贵10倍。由于种子包装很轻，运输成本也较低。

减少背部损伤——如果你不怎么健身或行动不便，你可能会发现搬一卷很重的草皮到后花园很辛苦。一包种子要轻得多。

不着急——草皮被运送到家之后只能放置，一两天的时间，非常短暂。在此之后，它们将开始死亡。如果天气变坏，或者你的计划突然改变，这就不太理想了。另外，一包种子可以保存几年，所以你可以在准备好的时候播种。

选择——与草皮一起使用的混合物的类型是有限的，而在选择种子混合物时有更多的选择。这是有用的，如果你有一个棘手的区域需要覆盖，如重黏土、部分阴凉或酸性土壤区域，用普通草皮混合可能不起作用。

铺设草皮的优点

节省时间——铺设草皮比播种要快得多。草皮可以立即改变一个地区，使它看起来很可爱。不出一两个星期，它就可以通行了。草皮还能抑制任何生长的杂草。另外，种子可能需要数周的时间来形成，与此同时，杂草可能会在土壤中发芽，与草竞争。

容易——铺设草皮是相当容易的，成功率很高，只要在铺设后保持定期浇水就可以。此外，在土壤准备方面，铺设草皮比播种更容易。只需要粗略地耙平土地，就可以铺设草皮，而播种则需要细而松软的土壤，来促使种子发芽。

一年四季——除了极端干旱或寒冷的天气，几乎一年四季都可以铺设草皮。种子只会在春天

和夏末之间发芽,那时温度足够温暖。

斜坡覆盖——草皮比种子更容易在斜坡上铺设,种子可能会在下雨或浇水时被冲走。在陡坡上,可以用钉子固定草皮。

鸟类——如果一个地区已经播种,那么就需要警惕地观察喜欢种子的鸟类。这个区域可能需要网,但即使这样,鸟类也有惊人的能力从网下面钻过去。草皮就没有这个问题,因为种子已经发芽了。

从上到下:避免在刚种下草籽的草坪上行走,直到草籽生根。

确保每一卷草皮都紧贴在一起,以确保边缘不会变干。

草皮铺好后,要好好浇水,除非预计不久之后会下雨。

如何铺设草皮

铺设草皮会立即使花园变得郁郁葱葱。一年中的大部分时间都可以进行铺设，铺设后的一两个星期就可以在上面散步(如果要进行更剧烈的运动，则得再等几周，直到草皮的根已经和下面的土壤紧密结合)。

❶ 用叉子轻轻挖开土壤，向里面添加有机肥料并耙平，清除任何多年生杂草或大石块。让土壤静置几天，否则一旦铺好草皮，地面可能会下沉。

你需要

叉子

草皮

×1

有机肥料，如堆肥或腐烂的肥料

半月磨边机

×1

耙子

×1

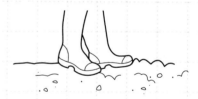

❷ 夯实土壤，消除任何大的气穴。这可以通过沿着表面缓慢地拖着双脚来完成，确保每个脚步重量分布均匀。然后把土壤耙一遍，以确保整个表面光滑平整，任何石头或其他块状物都被清除掉。

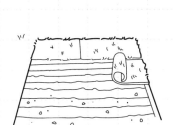

❸ 在铺设草皮时，最好先沿着后缘铺设第一排草皮，避免不断地从草皮上走过。继续沿着下一排工作，慢慢地工作到前面。

成功的关键

如果有事耽搁了，不能马上铺设草坪，你应该每天给草坪浇水，直到你准备好。

避免在一排草皮的末尾留下很短的一块，因为它很容易变干。相反，要把一个较长的、完整的长度放在末尾，并用较短的草坪块填充中间的空隙。

在干燥的天气里，草坪需要每天浇水，直到它生根。

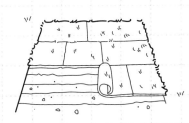

❹ 当开始铺设时，草皮最好错开，这样连接处就不会与它前面一排的连接处对齐——有点像砌砖。这是为了在每一排之间建立更牢固的连接。

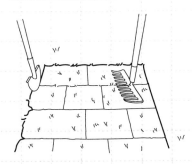

❺ 用耙子的背面轻轻压实每一卷草皮。当已经覆盖该区域时，末端可以用半月磨边机进行修饰，使边缘更漂亮。

48

铺设路径

路径不仅仅是从一个区域到另一个区域的通道而已，它们是任何一个花园设计中不可或缺的一部分。它们为整个空间提供了结构，并将花园的各个区域连接在一起。即使在一个很小的空间里，一条小路也可以用来引导视线指向焦点和感兴趣的区域。

根据预算、资源和动手技能，路径可以由各种不同的材料铺设而成，包括石头、石板、砾石、草坪、露台板、砖、混凝土、柏油或木屑。路径的材料可以为花园的主题或设计定下基调。在理想情况下，路径的材料和风格应该与周围地区相匹配或保持一致。例如，正式的人字斜纹砖路适合正式的环境；相反，木屑路适合林地花园。

木屑路径

由天然材料建造的路径通常适用于非正式的场合。木屑路径适合小块土地、村舍花园和其他自然环境。这种类型路径的好处之一是，它几乎不需要动手技能。另外，如果树木整形专家就在附近工作，他们通常会很乐意把碎纸机/削皮机里的木屑送出去。如果没有，可以在网上和大多数园艺中心购买到。

在道路表面铺设景观织物，以防止木屑混入土壤。将木屑耙平至6cm深。用树枝沿着小路两侧铺设，营造一种林地的感觉。每隔几年都要用木

屑把小路填满。

铺路石

另一个打造路径的简单方法是使用铺路石,可以是原木、石头或露台板。这样做的好处之一是,在小花园中,你几乎不会浪费任何空间,因为铺路石可以穿过种植区或草坪。在铺路石之间也很容易种植——只需在土壤中挖出一个缺口,然后把它们插进去。如果把它们铺在草坪上,应与草坪齐平,以便于修剪。要注意木质铺路石可能很滑,要每隔2cm在表面切5mm的凹槽,以提高抓地力,或用订书钉固定铁丝线。

砾石小路

砾石可以很好地融入正式和非正式的花园,与砖或露台板相比,砾石是相当便宜的。但如果你计划定期使用独轮车,你可能会重新考虑,因为在这种表面上推一辆独轮车会是一项艰苦的工作,也不适合轮椅使用者使用。

砖和露台板

用露台板和砖铺设的路是耐磨的,但也是昂贵的。然而,如果会经常使用,那么就值得投资一些耐用、实用并且看起来不错的材料。

从左起顺时针方向:一条非正式的、自然的木屑路径很容易铺设,在小花园中看起来很棒。

铺路石是一个简单的解决方案,打造一条即兴的路径穿过花坛和草坪。

人字形砖看起来令人印象深刻,是持久耐用的。

露台板可以涂成黑色,用于当代花园,产生戏剧性的效果。

修建一条土砖小路

一条质朴的砖路不仅美观，还提供了坚实的步行结构。可以使用新砖，但旧的、回收再利用的砖更有特色。经常可以在填海场或废料桶里找到旧砖。这条路很简单，只需要基本的动手技能。最重要的是，不需要搅拌任何乱七八糟的水泥来把砖粘在一起。

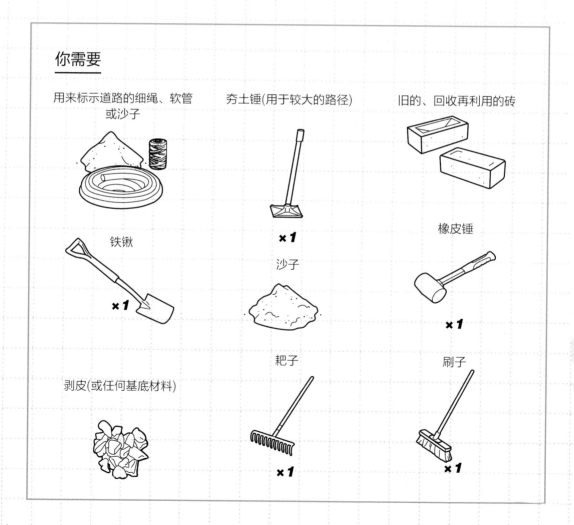

你需要

用来标示道路的细绳、软管或沙子

夯土锤(用于较大的路径) ×1

旧的、回收再利用的砖

铁锹 ×1

沙子

橡皮锤 ×1

剥皮(或任何基底材料)

耙子 ×1

刷子 ×1

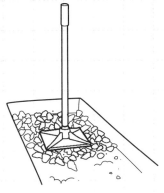

① 用细绳、软管或沙子标示道路。用铁锹挖出15cm的深度，加上砖的深度。留出1.5cm的空间，将砖放入沙子中。

② 在沟里填上10cm深的剥皮，用夯土锤把它们压实。对于较远的路径，可能需要租用一个压路机将基底压实。

③ 加一层5cm深的沙子。用耙子把它耙平，用木头的下脚料把它压实，但要保证它足够软，这样砖就可以塞进去了。

④ 开始铺砖时，先把砖放到1.5cm深的沙子里。沿着路径铺设到所需的宽度。每一行的砖要错开，以创建更有坚固的结构。用橡皮锤敲打，使它们保持水平。

⑤ 一旦所有砖都铺好了，用刷子将更多的沙子刷入缝中，以提供更稳定的路径，也有利于更好地排水。更多的沙子可能需要每年刮入一次，以取代被冲走的沙子。

打造微型野花草地

打造一片开满野花的草地看起来很壮观。不仅会欣赏到五颜六色的花，而且会吸引很多野生小动物。微型野花草地有很多优点，其中之一就是很容易实现，效果几乎是立竿见影的。在播种后的几周内，就会有五颜六色的花朵。

盛开的花海

由一年生植物组成的花海很受欢迎，因为它是看起来很真实的微型野花草地。混合植物通常包括矢车菊、虞美人、珍珠菊和麦仙翁。

不需要太多的空间来打造一个微型野花草地。1m×1m的一小块地就可以了，如果你有更多的空间，那就更好了。如果你没有足够的空间，可以把种子播种到容器或种植床上。

选择种子组合

你要做的第一个决定是你想播种多年生种子还是一年生种子。一般来说，一年生种子喜欢肥沃的土壤，应该在春天播种，而多年生种子可以在秋天播种，喜欢贫瘠的土壤，否则就会长出野草，淹没野花。

种子公司有很多一年生和多年生混合品种。检查它们是否适合你的花园或生长空间的条件。

如何播种

翻翻土壤，除去杂草，然后用耙子耙平。选择在一个风平浪静的日子播种，因为它们很轻，在刮风的日子里很容易被风吹散，落在别处。检查包

佛甲草

如果想种植一些多年生混合品种，那么佛甲草（小鼻花 *Rhinanthus minor*）是很好的选择。这些是寄生的野花，有助于消耗其他杂草的能量，给野花一个反击的机会。

装袋上的播种比例，然后按照播种比例播种。每平方米播种的种子通常可以低至1g，所以为了更容易，可以将每平方米的要播种的种子与细沙混合，以更好地分布。如果播种面积大，用藤条和绳子围出1m×1m的正方形网格，这样就可以对每个正方形应用正确的比例。

为了使分布均匀，将一半的量沿一个方向播种在正方形网格上，另一半沿垂直方向播种。播种后，轻轻耙种子，使其刚好低于土壤表面。

土地复田护理

在小范围内，在种子上铺设一张网，以保护它们免受鸟类的侵害；对于较大的面积，在播种区域上方的两根竹竿之间悬挂旧光盘或银箔条。通过金属材料反射阳光造成的明亮闪烁会有助于阻止鸟类。

一旦一年生花卉开花完毕，应该放置几周，让野生动物享受种子。推迟砍伐也给了一些种子一个落到地面的机会，这意味着它们可能在第二年生长开花。

互补的花

为了使秋天的灌木更加丰富，试着在它们的底部种植低矮的鳞茎植物，也可以在容器中或直接在地面上种植。秋水仙(*Colchicum autumnale*)、番红花(*Crocus sativus*)和秋天开花的仙客来(*Cyclamen hederifolium*)色彩鲜艳。

50

一抹秋色

随着冬天的临近，色彩鲜艳的秋叶更显明亮。随着气温的下降，树叶开始变色，当所有叶子呈现出一片火红色的时候，标志着花园季节的变化。

当秋天的生长季节接近尾声时，许多人都会把秋天与鲜艳的树叶联系在一起。有很多乔木和灌木可以选择，它们都有艳丽的秋叶，如果没有空间直接种在土壤中，所有这些树木都可以种植在容器中。

把容器放在一起，高的放在后面。不同深浅的颜色会产生强烈的对比，各种色调可以搭配展示，包括鲜红色、橙色、黄色、金色和紫色。

鲜艳的展示
如果空间有限，只允许种植一棵秋季观叶的树，那么四照花(*Cornus kousa* var. *chinensis*)是一个不错的选择，因为它除了在秋天有彩色的叶子外，在春天有迷人的白色苞片，在夏末会结出大而鲜红色的果实。

对页图，从左起顺时针方向：黄栌，或者烟树，随着秋天的临近，有引人注目的紫色或红色叶子。
当一些夏花开始凋谢时，五颜六色的秋天果实使花园里的色彩更加丰富。
香枫是一种中等大小的树，它的叶子是秋天颜色最好的展示之一。

黄栌"蓝紫"(*Cotinus coggygria* 'Royal Purple')在夏天有紫色的叶子，有令人印象深刻的羽毛，看起来像烟球；在秋天，叶子变成奢侈的鲜红色。如果种植在地下，它可以长到5m高，但如果种植在容器中，它就会缩小。

如果你想要一种带有秋色又能结出果实的植物，那么蓝莓是一个完美的选择。它需要酸性土壤，所以如果花园里没有酸性土壤，那么可以在容器中种植，在无泥炭的杜鹃花科堆肥中。有很多品种可供选择，所以你可以在夏天享用美味多汁的果实，在秋天欣赏火红的叶子。

对于一个稍大的花园，可以种一棵香枫(*Liquidambar styraciflua*)，它是一种中等大小的树，秋天的叶子令人印象深刻。还有一个优点，如果你撕下一片叶子闻一闻，它会有一种甜美的桉树香。

连香树(*Cercidiphyllum japonicum*)是一种类似香枫大小的树，秋天的颜色令人惊叹。树叶变色时，会散发出一种令人愉悦的香气，弥漫在周围的空气中，让人想起焦糖或棉花糖。

术语表

充气：在草坪维护中为根部充入空气以减少压实的方法，通常需要以10cm的间隔将叉子插入草坪5cm。

一年生植物：在一年内生长、开花和凋谢的植物。

易碎的：易碎的土壤质地，是播种或种植的理想土壤。

黏土层：表层以下的夯实的土壤块，可以防止根系向下延伸。

耐寒植物：能耐受寒冷天气和霜冻的植物，适合一年四季户外生长。

多年生草本植物：一种娇嫩的植物，秋天自然凋谢，春天又重生。

覆盖物：用于覆盖地面以抑制杂草和保持水分的材料，可以包括堆肥、肥料、木屑、鹅卵石、石板或杂草。

方尖碑：高的、锥形的花园结构，通常是四面的，用来培育攀缘植物。

多年生植物：能活一年以上的植物。

小型厨房花园：这个名字源于法语，字面意思是"汤粉"，用来形容一种装饰性的厨房花园。

培育箱：用来帮助种子发芽和幼苗生长的盒子或托盘。一些植物需要用电热托盘来提供底部热量，而另一些只用绝缘的盒子。

乱划：用于草坪护理的技术，从草叶中去除杂草，或死草和苔藓，改善空气流通，减少真菌疾病。

娇嫩的：易受霜冻和寒冷天气影响的柔弱植物，冬季不宜在室外种植。

耕土：易碎的土壤质地，很容易播种或种植的土。

其他资料

参考书

《100种完美植物》西蒙·阿克罗伊德 著

(National Trust出版，2017年)

《战胜松鼠和其他花园害虫的50种方法》西蒙·阿克罗伊德 著

(Mitchell Beazley出版，2021年)

《好园丁》西蒙·阿克罗伊德 著

(National Trust出版，2015年)

《皇家园艺协会完美堆肥》西蒙·阿克罗伊德 著

(National Trust出版，2020年)

《皇家园艺协会完美草坪》西蒙·阿克罗伊德 著

(National Trust出版，2019年)

《皇家园艺协会灌木和小树》西蒙·阿克罗伊德 著

(DK出版，2008年)

《皇家园艺协会实用室内植物书》齐亚·阿拉维和弗兰·贝利 著

(DK出版，2018年)

《我该如何帮助刺猬》海伦·博斯托克和苏菲·柯林斯 著

(Mitchell Beazley出版，2019年)

《皇家园艺协会植物种植的地点》

(DK出版，2011年)

《富有创造力的园丁》马特·弗罗斯特 著

(DK出版，2022年)

《如何种植花园》马特·詹姆斯 著

(Mitchell Beazley出版，2016年)

《皇家园艺协会自己种植蔬菜和水果》卡罗尔·克莱因 著

(Mitchell Beazley出版，2020年)

《皇家园艺协会完整的园丁手册》

(DK出版，2020年)

《园艺技巧百科全书》英国皇家园艺学会

(Mitchell Beazley出版，2008年)

《皇家园艺协会香氛植物伴侣》斯蒂芬·莱西 著

(Frances Lincoln出版，2016年)

《皇家园艺协会水园艺》彼得·罗宾逊 著

(DK出版，1997年)

《皇家园艺协会小花园手册》安德鲁·威尔逊 著

(Mitchell Beazley出版，2013年)

网址

www.rhs.org.uk

www.simonakeroyd.co.uk

www.gardenersworld.com

索引

致谢

我要感谢夸托出版团队的索瑞尔·伍德（Sorrel Wood）、莎拉·哈珀（Sara Harper）和凯蒂·克劳斯（Katie Crous），我们的合作非常愉快。此外，我也非常感谢西蒙·莫恩（Simon Maughan）和英国皇家园艺学会（RHS）团队在知识体系上的建议和支持。我还要感谢莎拉·斯基特（Sarah Skeate）的插图，以及韦恩·布莱兹（Wayne Blades）的设计。

图片来源

Adobe Stock 6–7 FollowTheFlow; 20L Yury Kisialiou; 20T ulkan; 21TR Soyka; 21BL antonel; 21BR firewings; 28(2) tonigenes; 28(3) robynmac; 28(5) yongkiet; 31 mashiki; 33TL uzuri; 33TR azure; 34–35 M×W Photography; 36L Richard Griffin; 37L Roman Ivaschenko; 39L marjancermelj; 40–41 Lili-OK; 57 Alene Pierro; 68 Ale×anderDenisenko; 71 freebreath; 87R Fotolyse; 131 NesolenayaAleksandra; 133L Rawpi×el.com; 135 warasit

Alamy 16 German Pineda; 38–39 Holmes Garden Photos; 46L Nature cutout's; 47BL Panther Media GmbH; 65M Christina Bollen; 95T Dorling Kindersley Ltd; 97 Alister Firth; 144 Pollen Photos

Dreamstime 54 Liewluck; 56 Laimdota Grivane; 63B Angelacottingham; 101 Jason Finn; 132 Saletomic; 157T Elena Milovzorova

Getty 77T mtreasure; 146 SolStock; 155TL rrodrickbeiler

iStock 29 CBCK-Christine; 33BR FactoryTh; 35 fotolinchen; 155BL lathuric; 155TR stocknshares; 155MR Imagesbybarbara; 157B MovieAboutYou; 163T jenjen42

Shutterstock 4B tete_escape; 9 onzon; 10–11 Sergey V Kalyakin; 15 vichie81; 17L L. Feddes; 17R Delovely Pics; 19TL AntonSAN; 19ML photka; 19TR Annie Shropshire; 19B Lois GoBe; 20B ER_09; 21TL Melica; 22 Ken Griffiths; 23T Erni; 23M Andi111; 23B Yvonne Griffiths-Key; 25 Peter Turner Photography; 27TL SomeSense; 27TR Mark R Coons; 27B ja×10289; 28(1) Swapan Photography; 28(4) domnitsky; 28(6) Scisetti Alfio; 32L Tom Pavlasek; 32R sbgoodwin; 33BL ABIES; 34 Olga_Ionina; 36TR emberiza; 36BR RAJU SONI; 37TR InfoFlowersPlants; 37BR Shan 16899; 39R Ni×holas Mike; 40 Peter Turner Photography; 41 Andrei Begun; 42 Jon Rehg; 43L Vikafoto33; 43R Katrin85; 45 Whatafoto; 46R unpict; 47TL Svetlana Foote; 47TR Julius Elias; 47BR Nadezhda Nesterova; 48TL Tamar Ramishvili; 48TR Peter Turner Photography; 48B Tatyana Mut; 51 InfoFlowersPlants; 51T Molly Shannon; 51BL Happy Dragon; 51BR Elena Elisseeva; 55L Viacheslav Lopatin; 55R Menno van der Haven; 57 Roman Nerud; 59TL Ariene Studio; 59TR nnattalli; 59B Joanne Dale; 60TL Wirestock Creators; 60TR Helen Pitt; 60B Niall F; 63T K.-U. Haessler; 64L Martina Osmy; 64TR StockPictureGarden; 64BR muroPhotographer; 65T de2marco; 65B panattar; 66 Angela Royle; 73T lavizzara; 73BL Stanley Dullea; 73BR Graham Corney; 74T Praiwun Thungsarn; 74B lmfoto; 75T Peter is Shaw 1991; 75B tottoto; 77B Carl Stewart; 78L eelnosiva; 78T Philip Kinsey; 78R Katrinshine; 79T Valentyn Volkov; 79M ×pi×el; 79B Pl×bank CZ; 80L OhSurat; 80R Catherine Eckert; 81 M GI; 83 Dmytro Balkhovitin; 85T Peter Turner Photography; 85L jonesyinc; 85R Trialist; 86L DariKor; 86T Evan Hutomo; 86R Tamara Kulikova; 87T Picture Partners; 87L Siriporn-88; 89T Jamie Hooper; 89L Manfred Ruckszio; 89M Dmitriev Mikhail; 89R Savanevich Viktar; 90 high fliers; 91 Margo K; 93TL claire norman; 93 Jenell Kasper; 93 Michael Warwick; 93 Zuzha; 95M seaonweb; 95R Steven Nilsson; 98L Robyn Gwilt; 98R stevemart; 99L Leslie Shields; 99R Natalia Korshunova; 102 Makina Alesya; 103 Evgrafova Svetlana; 105 The natures; 106–107 Followtheflow; 108T mokjc; 108B Reda.G; 109TL Mr.Teerapong Kunkaeo; 109TR ×avirm21; 109BL deckorator; 109BR Scisetti Alfio; 110 liloon; 111 evgeniykleymenov; 112L ellinnur bakarudin; 112R Zainul Yudharta; 113T AngieYeoh; 113BL Yang×iong; 113BM Oat_Pittiwat; 113BR Rungnapa4289; 115 LorenaEscamilla; 116–117 Anjo Kan; 117 Ian Grainger; 119 Yuds; 121TL Aliye Aral; 121TR Thijmen Piek; 121BL Nastya_Eso; 121BR Anakumka; 123 M. Unal Ozmen; 124 aprilante; 126L MT.PHOTOSTOCK; 126TR SUPAPORNKH; 126BR Jiri Sebesta; 127L nbldesign; 127TR Jotika Pun; 127BR tetiana_u; 128L Studio Barcelona; 128R Dian Munteanu Permatasari; 129L Angel Santana Garcia; 129R Chun's; 130–131 qnula; 133R Sheila Fitzgerald; 136 anat chant; 138 Ingrid Balabanova; 139 Tommy Lee Walker; 138–139 Alison Hancock; 141 Kelly Whalley; 142 Katherine Heubeck; 143 Ashley-Belle Burns; 147T NayaDadara; 147B Alison Hancock; 149 NayaDadara; 151T Anne Kramer; 151B pullia; 152L Madlen; 152M Nataly Studio; 152R HamsterMan; 153L romiri; 153M Scisetti Alfio; 153TR Maks Narodenko; 153ML Mr. SUTTIPON YAKHAM; 153BL Nattika; 157M Pierpaolo Pulinas; 159T John-Kelly; 159M/B Olga Aniven; 161 New Africa; 162 Hannamariah; 163M Kittima05; 163B AePatt Journey; 166–167 July photographer; 167 Tom Meaker; 168TL Ale×ander Denisenko; 168TR peony graden; 168BR Keikona

Wayne Blades 4T, 95L, 116, 165